軟・脆・硬・酥・鬆

美味口感學得會也做得出來

簡單做就好吃

小烤箱餅乾烘焙課

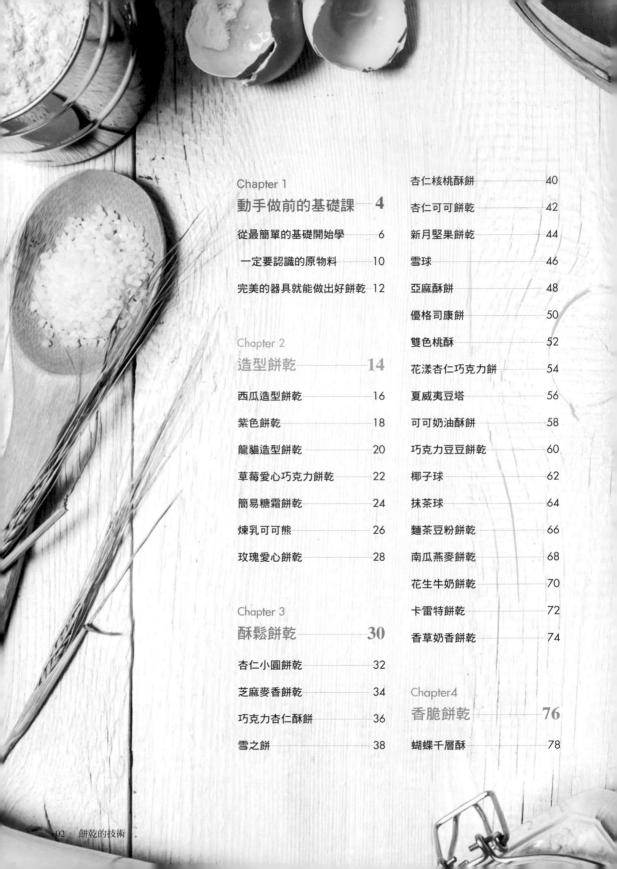

Contents
目錄

1

動手做前的
基礎課

從最簡單的基礎開始學

餅乾在準備材料上相較於其他產品來的少，而且製作過程較不繁複，是新手進入烘焙領域中容易上手的途徑。但這看似簡單的甜點，也有許多小細項需要注意，只要掌握這幾個特點、特性，就能隨心所欲做出個人喜好的口感、風味及樣式。

製作餅乾前的準備工作

1.製作前烤箱預熱

使用烤箱烘烤時一定要事先開啟烤箱電源，使溫度達到所設定溫度，這樣可讓餅乾麵團進入烘烤後迅速定型，而保持較好的口感。

一般烤箱預熱時間不一定，隨著烤箱容積越大，所需預熱時間就越長。

2.奶油、奶油乳酪等材料提前先於室溫下軟化

讓奶油完全變軟，可避免因攪打過久而造成口感不佳。

3.麵粉先過篩備用

麵粉容易因長時間放置而吸收空氣中的濕氣而產生結塊狀況，所以製作前先過篩除去結塊，以避免產生麵糊顆粒現象。

過篩還能使麵粉變得更蓬鬆，進而非常容易與其他材料混合均勻。

其他粉類如泡打粉、蘇打粉、玉米粉、可可粉等屬乾粉狀的材料也都需過篩。

4.冷藏的材料提前放置室溫下

材料如雞蛋、牛奶先取出恢復室溫，較容易與奶油混合打發。

餅乾不失敗的製作關鍵

1.奶油打發的程度

若打不發，餅乾較無酥鬆感，口感較紮實；反之，打過發（攪拌過度）容易造成油水分離，導致餅乾較易碎裂口感不佳。

2.餅乾內的堅果類要先烤過

未烘烤或烘烤不夠的堅果類容易造成餅乾口感變差；適度烘烤過的堅果在餅乾內則可以增加香氣。

3.應避免過度攪拌

做餅乾最重要的步驟就是將材料經攪拌乳化，將油脂和糖一起攪打呈乳霜狀，此時看起來較膨鬆光滑。但是在其他材料拌入（如乾性材料麵粉），不要過度攪拌，而影響口感。攪拌過度容易使麵粉產生出筋而影響口感（即少數硬餅乾除外）。適度攪拌較通俗的判斷方法是攪拌至看不到白色麵粉為止。

4.蛋液分次加入，較不易產生油水分離現象

雞蛋裡的含水量約有75%，若一次直接倒入奶油糊中，油脂和水份不容易結合，攪拌起來會非常吃力，造成油水分離，使口感變差。

5. 麵團排放烤盤，要有間隔，均勻排列

不會擴展的餅乾麵團，擺放至烤盤時，應適當縮小間距，避免烤盤炙熱使餅乾邊緣焦化。而會擴展的餅乾，擺盤時要適當預留間距，避免烘烤時餅乾相互沾黏而影響美觀。保留間距能使火候較均勻，若擺放太密集烘烤時，時間就會拉長，進而烘烤餅乾的效果也會受影響。

6. 餅乾厚薄度要儘量均一

將餅乾麵團整型，厚薄度大小儘量一致，這樣在烘烤時才不會有的焦了，有的還沒上色。

7. 烤箱溫度、時間

一般烘烤餅乾均溫約為170-180度，但是不一定是一個溫度直接烤到底，要視實際情況做調整。例如餅乾越大、越厚，烤的時間就要越久，避免表面烤焦，所以溫度就要低一點。烤盤內餅乾麵團越多，所需要的熱能也較多，溫度相對也高一些；反之越少則溫度就可以略降。

若家用烤箱只有一個溫度設定而無上下火之分，可將上下溫度相加除2而使用均溫烘烤。

8. 餅乾冷卻後，迅速放入盒中密封保存

烤好的餅乾冷卻後，如果直接暴露在空氣中，會因為吸收空氣中的水分，而導致變軟，使餅乾失去酥脆口感。所以冷卻後要及時放入密封盒中保存，亦可以在密封盒中放入乾燥劑幫助吸收水氣，延長保存。

認識餅乾的基本原料

★麵粉

所有的麵粉都可以用來製作餅乾，但依其蛋白質含量的不同，所呈現出的口感也會有所差別。

- 高筋麵粉─蛋白質含量（11.5%以上）
  制作的餅乾會偏硬、脆，花樣形態較能保持美觀。

- 中筋麵粉─蛋白質含量（8-12%）
  在配方中糖油較多時，且不要產品過度鬆軟，可以選用中筋麵粉或混合高筋麵粉使用以提高筋性。

- 低筋麵粉─蛋白質含量(6-8.5%)，吸水量較低
  欲製作出偏酥、鬆的餅乾中通常使用低筋麵粉。

★油脂

可分為液態及固態兩種。一般製作品質良好的酥鬆餅乾，大致上都使用固態油脂，尤其以奶油居多，奶油融點低，具香味和顏色，將其打發使餅乾在烘烤時能夠膨脹而酥鬆。

奶油在冷藏狀態下是比較堅硬的固體，在室溫25度C左右會變得質地較為柔軟，用手指按壓可出現印記，在軟化狀態時可透過攪打方式使其混入空氣、體積變得膨大稱為打發。反之液態油脂若想使餅乾硬脆則可使用液態油脂如沙拉油或融化奶油。

★糖

- **粗糖**

  較不容易溶化,多用於餅乾外表(烤焙後能保持糖的原形附著在產品表面上)。

- **細砂**

  可以使餅乾烘烤容易上色增加表面光亮感及脆度,也可使表面產生裂痕,做為裝飾。

- **糖粉**

  配方水份較少時使用,烘烤出的餅乾化口性好且較為細緻不易龜裂。

- **蜂蜜、糖漿**

  在配方中添加,可使餅乾增加特殊香氣,但不宜加入過多,會造成餅乾口感偏硬,有韌度。

★水份(濕潤原料)

- **水(鮮奶、果汁可替代水)**

  水份的多寡會影響餅乾的軟硬度,適量的水份可使餅乾口感偏硬。

- **蛋**

  全蛋在餅乾材料中是最常用到的濕潤原料可增加餅乾的酥鬆度。

- **蛋白**

  因為蛋白不含油脂,所製作的餅乾口感偏硬脆。

- **蛋黃**

  含卵磷脂可發揮乳化效果增加麵團柔軟度,烘烤後餅乾口感上較為酥鬆。

★其它原料

- **鹽**

  作為調味料及增加麵團的韌性和彈性,可增加產品甜度,不會使人食後過膩。

- **泡打粉**

  也稱發粉,可使產品膨大,改善產品組織,使有彈性更細密。

- **蘇打粉**

  遇水和熱與其它酸性中和,可放出二氧化碳,並使產品顏色較深。

餅乾配方比例和口感的分析

軟性 配方內的水份含量多,約佔麵粉比例35%以上,餅乾口感較酥鬆柔軟,麵糊較為濕軟,整形時可用湯匙把麵糊直接勺在烤盤上,也可稱為手舀餅乾。

脆硬 配方含量 糖比油多,油比水多(糖>油>水),麵團較乾硬,因含糖量高,所以餅乾口感偏脆,可直接分割整形,較常用於壓模餅乾。

酥硬 糖跟油同等比例,或微微些許差距,水份少(糖=油>水),麵團偏乾軟,整形時因較柔軟,較無法直接分割整形,須塑形後放入冰箱冷藏增加硬度,餅乾在烘烤後較不易變形,口感上偏酥脆,所以亦被稱為冰箱餅乾。

酥鬆 油比糖多,糖比水多(油>糖>水),麵糊非常鬆軟,整形時需使用擠花袋輔助擠出不同花樣,餅乾體非常酥鬆,是最受歡迎的餅乾口感。

學會Q&A，你就會是烘焙餅乾高手

Q1 製作餅乾中，出現油水分離現象，如何補救？

A：在製作過程中，若出現油水分離現象，最直接的補救方式即加入少許的低筋麵粉，讓麵粉吸收蛋液部份，可讓油水分離現象獲得的。

Q2 為什麼烤好後的餅乾有點軟，不夠脆？

A：剛出爐的餅乾因為熱氣還未蒸發冷確，所以餅乾會呈現發軟現象是正常的，當過一段時間餅乾體冷卻後就會變得酥脆。如果冷卻後餅乾仍然是發軟，則應該是烘烤時間不夠，餅乾烤不熟，水份沒有完全被烘乾，這時將餅乾再重新放入烤箱中烘烤幾分鐘烤至熟。

Q3 怎樣做才能讓餅乾酥脆好吃？

A：要讓餅乾酥脆，秘訣即是在手工餅乾麵團的成份裡要多油、多糖。油多餅乾才會酥，糖多餅乾才會脆。

一般餅乾配方中可以使口感較脆的除了糖之外，還有蛋白。蛋白屬韌性材料，可以保持餅乾成品的酥脆堅固特性；相反的若是想要口感酥鬆，則是加入蛋黃，蛋黃言含有卵磷脂，可以讓餅乾吃起來柔軟蓬鬆。

Q4 為什麼烤出來的餅乾顏色不均勻？

A：餅乾烤出的顏色會不均勻，最大可能是餅乾的厚薄度不一致，很容易烤出過焦或不熟的狀況產生，而使餅乾顏色不均。

Q5 手工餅乾可以保存多久時間？

A：不同類型的餅乾，保持的時間會有所不同。大致上一般如果存放在密封罐中，通常可以保存7-14天。若想延長保存時間，可將餅乾密封後放入冰箱保存，可以保存約1個月。不過餅乾的保存期限，也會受到溫度和保存條件的外在因素影響，而有所不同。

Q6 餅乾麵團拌成團後，操作整型覺得粘手怎麼辦？

A：當所有材料混合拌均勻後，剛開始確實會有點粘手，所以剛拌好的餅乾麵團，需要放置一段時間鬆弛，使其材料充份混合均勻後，更容易操作較不粘手。也可以將麵團放進冰箱冷藏約20-30分鐘，經過冷藏後的麵團狀態，因變硬較有利於整型操作，也因為溫度較低，可以降低麵團出油的現象。如果發現還是有粘手現象，可以在手上沾一些高筋麵粉，防止粘手，但不能過多以免影響麵團口感。

Q7 烘焙餅乾的時間和溫度應如何掌控？

A：大致上烘焙餅乾的溫度約為170-180度，烤焙時間大約10-15分鐘，不過還是要視餅乾的厚薄度而定。餅乾自進爐後，大約5-7分鐘左右就應察看底部的顏色變化。如果底部已呈現淡褐色，則將底火轉零（或用雙層烤盤將餅乾繼續烤熟）。若進爐後5-7分鐘餅乾底部和表面都未呈現淡褐色，則繼續烘烤至餅乾表面顏色呈現金黃色後，就要馬上出爐。

如果出爐的餅乾邊緣有一圈略為焦黑的顏色，表示底火的溫度過高或過熱，可將底火降低10度。或是出爐後的餅乾表面深淺不均，則是上火溫度過高，應將上火溫度調降10度即可。

Q8 餅乾配方中為什麼有的放糖粉，有的放細砂糖？

A：糖粉在製作中容易融解，化口性好，口感更加細膩，一般外表精緻的餅乾多選擇糖粉操作。如果用的是細砂糖，要儘量充分攪打至糖溶解，口感上面吃起來較有硬脆感，外表看起來也較粗獷。

一定要認識的原物料！

麵粉類

· 低筋麵粉
（6~8.5%）：廣泛用
於餅乾，蛋糕類。

· 中筋麵粉
（9~11%）：廣泛用於
中式麵食類。

· 高筋麵粉
（11.5以上）：
廣泛用於麵包類。

· 一般外面市售的粉心
粉（10~12%）：這也
是屬於中筋麵粉。

· 全麥麵粉：小麥和大
麥不去殼搗碎而成。全
麥麵粉不單獨使用，必
須與麵粉拌勻使用。

米粉類

· 在來米粉：用米磨
成的粉末，用於製作
蘿蔔糕點，碗粿等。

· 糯米粉：用糯米磨
成粉，黏度高，適合
用於製作湯圓，麻
糬，年糕等。

其它粉類

· 可可粉：可可豆脫
脂研磨成粉末，較容
易受潮結塊，所以使
用前要先過篩。

· 玉米粉：玉米澱粉製
品，具有凝膠作用，西點
製作較常用於蛋糕，乳酪
蛋糕，增加鬆軟口感。

· 地瓜粉（蕃薯
粉）：用地瓜製成
的粉，顆粒大較為粗
糙。

膨 發 劑 類

· 泡打粉：又叫發粉、發泡
粉，由小蘇打加上其他酸性材
料製成，遇水即產生中和，能
促使組織膨脹、鬆軟。有些泡
打粉的成份會多加硫酸鈉鋁成
粉，購買無鋁泡打粉較為安全
健康。

· 蘇打粉：又稱小蘇打，碳
酸氫鈉，鹼性物質，一般多
用於可可巧克力含酸性材料
使用，可使巧克力增色效
果，但是不宜加過量，會產
生皂味過重，製品組織不良
粗糙。

酵 母

· 乾酵母：可以分即溶酵母和速
發酵母兩類。即溶酵母，即在
水中溶化後，再與麵粉混合後使
用。速發酵母，則可直接加於麵
團中攪拌使用。

· 濕酵母：也叫新
鮮酵母，不易久放
保存，但是耐凍，
使用量的計算約是
乾酵母的兩倍。

牛奶乳製類

· 鮮奶：方便取
得，可以提高點心
的風味及潤澤度。

· 奶粉：一般都是使用全脂
奶粉，適合用於麵包、蛋
糕、西點餅乾都可，但嬰兒
奶粉不能用於烘焙點心。

果凍粉

· 果凍粉：白色粉末
狀，植物性凝結劑，
融於80度以上的熱
水，才會有作用。

優格、優酪乳

· 優格、優酪乳：由牛奶製成，含有益菌，用
於西點麵包，可增添風味。

奶油乳酪

- 新鮮乳酪：未經熟成的新鮮乳酪，含水量較多，屬於軟質起司。

- 起司絲（片）：烘烤後會產生拉絲狀，常用於焗烤料理。

- 帕瑪森起司粉：由義大利帕瑪森乳酪製造而成，香氣濃郁，水份含量低。

- 馬司卡邦乳酪：由重奶油以檸檬酸作為凝乳劑製成的乳酪，口感清淡水份較少，常用於提拉米蘇產品。

油脂類

- **固體狀**

- **液體狀**

- 奶油：由生乳中提煉出來，屬動物性油脂。可使產品生特殊香味，油脂亦可增加產品的營養，分成有鹽奶油，無鹽奶油，基於讓身體實用更無負擔，本書皆使用無鹽奶油。

- 豬油：由豬的油脂提煉。一般都用於中式點心。剛炸好的豬油色澤呈黃色半透明狀，低於室溫就會凝固成白色固體油脂。

- 沙拉油：一般都為植物性油，用於蛋糕製品居多。沙拉油提煉的方式有兩種，一種是壓榨法，另一種則是浸提法。

- 動物性鮮奶油：以乳脂或牛奶提煉而成，不帶甜味，奶香濃郁，口感較厚重，但不容易維持打發後的形狀，開封後冷藏約一星期，不易久放，而且不能放冷凍會產生油水分離，但很適合加熱產品。

- 植物性鮮奶油：植物油氫化之後再添加香料製成的鮮奶油，含有反式脂肪，但是打發狀態穩定，保存期限長冷藏冷凍都可。

糖類

蛋類

- 砂糖：主要經過製糖精煉而成，依其顆粒粗細而定，一般我們最常用的糖，即為砂糖。

- 糖粉：由砂糖磨研成細細粉狀，化口性好，以適應部份水分較少的產品。可分為純糖粉和一般糖粉兩大類。

- 黑糖：未經過精煉，礦物質含量多，顏色較深呈咖啡色。

- 水麥芽糖：麥芽含量85~86%呈透明狀，可以保持產品適當的水份及柔軟，增加產品色澤。

- 蛋類：一般蛋的基本平均淨重（不含蛋殼）50g，主要用於蛋糕，具有發泡性，是製作點心中重要材料之一。

香草精（莢）

- 香草精（莢）：有濃縮香草精、香草粉、香草莢（香草棒）等，具有特殊香氣，可增加食材內的風味。

巧克力

- 巧克力：有磚型、鈕扣型、豆型，主要是由可可脂加砂糖、天然香料、卵磷脂配料組成。

吉利丁片

- 吉利丁片：屬於動物膠，又稱明膠或魚膠，多由動物骨頭所提煉出來的膠質，使用前要先泡水軟化，並溶於80度以上的熱水才會有作用，常用於慕斯類產品。

中式轉化糖漿

用於制作中式糕漿皮類餅皮，可保持餅皮的柔軟度及溼度。

完美的器具就能做出好餅乾

鋼盆

不鏽鋼材質的為佳，目的用來盛裝一些基本原料，如奶油、蛋、麵粉等材料，以便攪拌，有大小尺寸，依用途選擇適合大小，一般家庭用約26~28公分即可。

長柄刮刀（橡皮刮刀）

用於麵團的拌合及整型或是刮淨容器周圍的材料。

軟硬刮板

可用於刮淨盆內附著的麵團粉末材料或是麵團的攪拌整型。

量匙

分有4種量度（一大匙 T、一茶匙 t、1/2匙、1/4匙），方便用來盛量少量的材料。

篩網

用來過濾液體中的雜質，及過篩麵粉、糖粉、可可粉等一些較易結顆粒的粉類。

桿麵棍

用於擀麵團的擀平延壓，將麵團的氣泡壓除。

置涼架

產品剛出爐的放置網架，避免過多熱氣排出時，造成底部因水氣變得濕潤，影響口感。

電子秤

用來秤量各材料所需的克數，及分割麵團的重量。

活動蛋糕圓形模

適用於烘烤蛋糕的容器，方便脫模及清洗。

塔模

用於蛋塔，水果塔類點心。

活動蛋糕圓形模

適用於烘烤蛋糕的容器，方便脫模及清洗。

打蛋器

常用來攪打奶油打發或是蛋液等材料的攪拌。

烤箱

要具有上下火溫度控制功能，若只有單一溫度，對新手來說很難烤出理想的好產品。預熱時間會根據每台烤箱不同與容量不同會有所不一樣，小烤箱約15分鐘，大烤箱則需要30分鐘左右。

長條烤模

「長條鋁模（左圖）」方便烘烤蛋糕及麵包的成形。「吐司烤模（右圖）」用於吐司麵包，可重覆使用。

半圓形矽膠模

放入麵糊後烘烤，可製作蛋糕，乳酪等。

餅乾造型模

利用造型模可做出各種特別造型的餅乾體。

擠花嘴・擠花袋

花嘴（左圖）有不同口味徑大小，用於麵糊整形，例如：泡芙，小圓餅，也可在點心上擠出漂亮花紋裝飾。擠花袋（右圖）分可「重複使用」和「拋棄式」兩種。

電動打蛋機

適合用來攪打打發液態狀的鮮奶油或是蛋白霜製作，是最省力的工具。

計時器

烘焙過程中，精確的時間是相對重要的，也是提醒自己注意產品出爐的時間。

溫度計

用來測量水溫、麵團溫度、糖漿等的溫度，以便做好溫度控制。

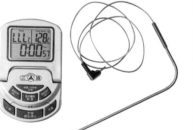

龍鳳木模

用於制作中式糕漿皮類餅皮，可保持餅皮的柔軟度及溼度。

耐烤紙杯模

用於盛裝蛋糕，點心紙模。

刷子

用來將蛋液塗抹於麵團表面。

布丁模

烤布丁用，也可當製作米糕容器用。

2

造型餅乾

酥鬆餅乾／香脆餅乾／薄巧餅乾／夾餡餅乾／擠花餅乾／鹹甜餅乾／六角

01

西瓜造型餅乾

成品數量	烤焙溫度	烤焙時間
約50片	上火180度 下火160度	12-15 分鐘

食材

餅乾體

A· 奶油35g、糖粉30g、鹽1/8匙

B· 全蛋20g

C· 低筋麵粉80g、紅麴粉一茶匙

綠色麵團

D· 奶油25g、糖粉20g

E· 全蛋10g

F· 低筋麵粉60g、抹茶粉1/2匙

表面裝飾：黑芝麻適量、蛋白夜適量

作法1

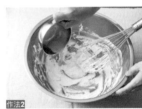
作法2

作法

1. 材料A（奶油、糖粉）用打蛋器打至乳霜狀。

   (!) 造型餅乾奶油不用打太發，避免造成麵團烘烤過度膨脹影響餅乾外觀。

2. 分次加入材料B（全蛋）充分攪打。

3. 加入過篩C（低筋麵粉、紅麴粉或抹茶粉）用長柄刮刀攪拌成麵團。

4. 將紅色麵團滾成圓形長條狀放入冷凍冰硬。

5. 綠色麵團擀成一片，長度與紅色麵團一樣，表面抹上蛋白液。

   (!) 抹蛋白液的目的是讓兩種麵團更緊密包裹，不容易散開。

6. 放上紅色麵團捲起整形後再放入冰箱冷凍約1小時。

7. 將冷凍好的麵團切片厚度約0.5公分後，再對半切，紅色表面放上少許芝麻入烤。

作法7

作法7

作法7

02

紫色餅乾

食材

A・ 奶油**50g**、糖粉**35g**、鹽**1/8**匙

B・ 全蛋**15g**

C・ 低筋麵粉**100g**、紫藷粉（紫地瓜粉）一大匙

作法1　作法2　作法3

作法

1. 將材料A（奶油、糖粉、鹽）打成乳霜狀。

2. 加入材料B（全蛋）快速攪打。

3. 加入過篩的材料C（低筋麵粉、紫藷粉）拌成團，
鬆弛10-15分鐘。

4. 將麵團放入裁剪好的塑膠袋中，擀壓厚度約0.2-0.3
公分，用模型壓出形狀後放入烤盤中入烤。

> 小叮嚀 如果室溫天氣過熱造成麵團濕軟不易整形，可先放置冷凍
> 10-15分鐘後取出再操作。

03

龍貓造型餅乾

食材

白色麵團

A · 奶油100g、糖粉75g、鹽1/8匙

B · 全蛋70g

C · 低筋麵粉240g

黑色麵團

D · 白色麵團300g

E · 可可粉一大匙、蘇打粉1/8匙、熱水15g

使用器具:龍貓造型模

作法

白色堅果麵團作法

1. 將材料A（奶油、糖粉、鹽）用打蛋器打發至乳白色毛絨狀。

2. 分次加入材料B（全蛋）充分攪打。

   ! 小叮嚀　材料的總蛋量若超過50g，最好分次攪打均勻，因為蛋液太多與奶油無法完全攪打均勻，容易產生油水分離現象，影響口感。

作法3

3. 加入過篩材料C（低筋麵粉）用長柄刮刀拌成麵團，鬆弛10-15分鐘。

   ! 小叮嚀　鬆弛的目地是讓奶油與麵粉充份混合均勻較不黏手。

作法3

4. 取出白麵團300g製作黑麵團部份。

5. 將黑色麵團的材料E（可可粉、蘇打粉、熱水）拌勻。

6. 將作法5拌勻好的材料E倒入白麵團中拌勻成黑色麵團。

作法5

7. 變成白色、黑色兩種麵團。

8. 將黑色麵團在塑膠袋中擀壓成厚度約0.3-0.5公分的薄片，用模型壓出形狀放入烤盤中。

9. 再利用白麵團部份做出眼睛和肚子部份。

10. 最後再用剩餘的黑麵團做出眼珠部分及肚子線條。

   ! 小叮嚀　眼珠肚子線條部份，也可以烘烤過後再用融化巧克力畫上，也有一樣的效果。

作法7

造型餅乾

磨麵餅乾
香芒酥餅
芙蓉酥餅
蜜柿酥餅
紫芋酥餅
紅酒酥餅
中式大餅

04

草莓愛心
巧克力餅乾

食材

A· 奶油60g、糖粉60g、鹽1/8匙

B· 全蛋20g

C· 低筋麵粉125g、草莓粉15g

中間裝飾：融化白色巧克力、乾燥草莓乾適量

使用器具：心型餅乾模一大一小

作法

1. 將材料A（奶油、糖粉、鹽）打成乳霜狀。

2. 加入材料B（全蛋）快速攪拌均勻。

3. 將材料C（低筋麵粉、草莓粉）過篩加入後用長柄刮刀拌壓成團。

   (!) 小叮嚀 每種麵粉的吸水度不同，若麵團過濕要適量加入麵粉。

作法1

4. 把麵團擀壓片狀厚度約0.5公分，放入冰箱冷凍15分鐘。

5. 用心型餅乾模壓出大愛心形狀後在大愛心的中間再取出小愛心（小愛心捨去不用），最後將中空的大愛心放入烤盤中入烤。

   (!) 小叮嚀 若在整型過程中，麵團軟化不好操作，可再放回冰箱冷凍變硬再取出繼續操作。

作法2

6. 將烤好的餅乾取出放涼，排放在烘烤紙上。

7. 在中空的地方擠入融化的白巧力，最後再放上幾粒乾燥草莓待巧克力冷卻後即可。

   (!) 小叮嚀 若巧克力有變硬塊現象一定要再隔水加熱（溫度不要過高）使其軟化後再繼續擠入。

作法3

食材

餅乾體

A· 奶油50g、糖粉25g、鹽1/8匙

B· 全蛋15g

C· 低筋麵粉120g

糖霜

D· 蛋白10g

E· 檸檬汁1/4匙

F· 糖粉200g

使用器具：餅乾模型數個

作法3

作法

餅乾體作法

1. 將材料A（奶油、糖粉、鹽）打發成乳白色毛絨狀。

2. 加入材料B（全蛋）攪拌均勻。

3. 過篩材料C（低筋麵粉）加入用長柄刮刀拌勻成團，鬆弛10分鐘。

作法4

4. 將麵團裝入塑膠袋中擀壓成約0.5-0.8公分的厚度，進冰箱冷藏或冷凍讓麵團變硬，方便操作。

5. 用模型壓出各種形狀的麵皮，放入烤盤中入烤，烤至表面略呈金黃色即可，出爐後放涼備用。

作法6

糖霜作法

6. 材料D（蛋白）加入材料E（檸檬汁）後，用電動打蛋機打出濕性發泡。

7. 加入材料F（糖粉）拌勻後平均分成4等份。

8. 分別適量加入個人喜好的顏色（色素或色膏都可）拌勻後裝入三明治透明袋中，即可彩繪裝飾在餅乾體上。

作法7

06

煉乳可可熊

成品數量	烤焙溫度	烤焙時間
約20-24片	上火180度 下火160度	15-20 分鐘

食材

A· 奶油50g、鹽1/8匙
B· 煉乳**45g**
C· 低筋麵粉110g、可可粉一大匙
D· 腰果粒適量
使用器具：熊造型模

作法

1. 將材料A（奶油、鹽）打發成乳霜狀。

2. 加入材料B（煉乳）攪拌均勻。

3. 過篩加入材料C（低筋麵粉、可可粉）用長柄刮刀拌成團，鬆弛10分鐘。

作法1

4. 將鬆弛好的麵團裝入裁成一大張的塑膠袋中捍壓。

5. 壓成0.3-0.5公分的厚度，用熊造型模壓出形狀擺入烤盤。

    ! 小叮嚀 如果麵團太軟不好壓模，可先 平後放入冰箱冷藏冰硬點後再操作。

作法3

6. 在造型熊的中間放上一顆腰果，將手形折起壓住腰果。

    ! 小叮嚀 手在彎折時，有的時候會裂開或斷裂，在裂縫處用手微微捏緊整形一下即可。

作法4

07

玫瑰愛心餅乾

成品數量	烤焙溫度	烤焙時間
約22-24片	上火170度 下火150度	12-15 分鐘

食材

A·奶油125g、糖粉100g、鹽1/8匙

B·全蛋一顆

C·低筋麵粉250g

D·草莓粉1/4匙、乾燥玫瑰花碎瓣適量

E·蛋白適量

作法

1. 材料A（奶油、糖粉、鹽）打發成乳白色毛絨狀。

2. 分次倒入材料B（全蛋）。

   ⓘ 小撇步　蛋量如果過多，要分次加入，因為過多的蛋液一次入不好攪打均勻，而且很容易變成油水分離影響口感。

3. 加入材料C過篩拌勻。

4. 用長柄刮刀攪拌成團，鬆弛10分鐘。

5. 取出一半的白麵團約260g。

6. 將材料D（草莓粉、乾燥玫瑰花）加入作法5中拌勻。

   ⓘ 小撇步　使用草莓粉目的在使麵團變成顏色較深的粉色，也可以使用草莓果醬或玫瑰花醬。

7. 將白麵團在塑膠袋中整型成長方形表面抹上蛋白。

8. 粉色麵團用愛心模型壓出愛心形狀，排放在白色麵團上面，白色麵團包入粉色愛心狀麵團，捲成圓形長條狀。

9. 放入冰箱冷凍，取出切成片狀入烤。

3 酥鬆餅乾

杏仁小圓餅乾

食材

A· 奶油50g、糖粉40g、鹽1/8匙

B· 全蛋30g

C· 低筋麵粉80g、杏仁粉60g

表面裝飾：蛋液適量、杏仁粒約20顆

作法

1. 將材料A（奶油、糖粉、鹽）打發成乳白色毛絨狀。

2. 分次加入材料B（全蛋）充分攪打。

   (!) 小撇步　要確實攪打均勻後才能再加入下次的蛋液。

3. 加入過篩C（低筋麵粉、杏仁粉）拌勻成團，鬆弛10-15分鐘。

   (!) 小撇步　篩網上會有些許的顆粒殘留，那是杏仁顆粒，直接再倒入麵團中。

   (!) 小撇步　各家廠牌麵粉的吸水量不同，若覺得太濕黏可以適量地加入麵粉去調整。

4. 將麵團分割每顆12g整成圓形。

5. 表面抹上蛋液，壓入一顆杏仁粒入烤。

02

芝麻麥香餅乾

食材

A· 奶油60g、黑糖40g、鹽1/8匙

B· 全蛋15g

C· 低筋麵粉110g

D· 全麥雜糧粉20g、黑芝麻10g、燕麥10g

作法1

作法2

作法3

作法4

作法4

作法

1. 將材料A（奶油、黑糖、鹽）打發至乳霜狀。

2. 加入材料B（全蛋）攪拌均勻。

   ❗小叮嚀 每次倒入的蛋液一定要快速攪打均勻再加新的蛋液，比較不容易產生油水分離現象。

3. 再加入過篩的材料C（低筋麵粉）、材料D（全麥雜糧粉、黑芝麻、燕麥）

4. 拌勻成團，鬆弛10-15分鐘。

5. 將麵團分割每個約15g。

6. 平均放入烤盤中壓扁入烤。

03

巧克力杏仁酥餅

成品數量	烤焙溫度	烤焙時間
約20-22片	上火180度 下火160度	15-20分鐘

A. 奶油75g、糖50g、鹽1/8匙

B. 全蛋25g

C. 低筋麵粉120g、可可粉一大匙、蘇打粉1/8匙

D. 杏仁片40g

作法1

作法2

作法3

作法3

作法4

作法

1. 將材料A（奶油、糖、鹽）攪打成乳霜狀。

2. 分次加入材料B（全蛋）快速攪打均勻。

3. 加入過篩的材料C（低筋麵粉、可可粉、蘇打粉）用長柄刮刀攪拌，再加入材料D（杏仁片）拌成團。

4. 整形成長條正方形或長方形後，放冰箱冷凍後取出切片。

04

雪之餅

作法1

作法2

作法3

作法3

作法4

作法4

食材

A· 奶油30g

B· 棉花糖100g

C· 奶粉20g

D· 餅乾100g、蔓越莓乾45g

表面裝飾：防潮糖粉

作法

1. 將材料D（餅乾，蔓越莓乾）拌勻以100度保溫。

2. 將材料A（奶油）以隔水加熱融化。

3. 繼續加入材料B（棉花糖）融化拌勻再加入材料C（奶粉）拌均。

4. 最後加入作法1拌勻保溫的材料D（餅乾、蔓越莓乾）再次拌勻，倒入模型中擀平整，冷確後切塊即可。

05

杏仁核桃酥餅

食材

A · 奶油90g、砂糖50g、鹽1/8匙

B · 全蛋20g

C · 低筋麵粉135g、奶粉15g

D · 整顆杏仁粒30g、核桃30g

作法

1. 將材料A（奶油、砂糖、鹽）打發。

2. 加入材料B（全蛋）充分攪打均勻。

3. 過篩材料C（低筋麵粉、奶粉）拌勻，再加入材料D（杏仁粒、核桃）拌成團。

> ⚠ 小撇步　在攪拌時還剩些微麵粉，即可加入材料D（杏仁粒、核桃），這樣可以減少攪拌的時間過久，影響餅乾的酥鬆感。

> ⚠ 小撇步　堅果類先烘烤冷卻後再放入麵團整形（150度烤10-15分鐘），這樣的餅乾口感才會酥脆及有堅果香氣。

4. 整形成長條正方形或長方形後，放冰箱冷凍後取出切片。

06

杏仁可可餅乾

食材

A· 奶油80g、砂糖45g、鹽1/8匙

B· 全蛋25g

C· 低筋麵粉150g、可可粉一大匙、蘇打粉1/4匙

D· 熟杏仁角35g

表面裝飾：生杏仁粒適量

作法

作法1

1. 加入材料A（奶油、砂糖、鹽）打發成乳白毛絨狀。

2. 加入材料B（全蛋）充分攪打。

作法2

> ！ 加入全蛋後一定要快速攪打均勻，不然容易產生油水分離現象影響餅乾口感。

3. 過篩材料C（低筋麵粉、可可粉、蘇打粉）用長柄刮刀拌勻。

作法3

4. 加入材料D（熟杏仁角）拌成團，鬆弛10-15分鐘。

作法4

5. 將麵團整形成直徑約7-8公分長的圓形長條狀，用烘焙紙或塑膠袋捲起包好，放入冰箱冷凍30分鐘。

6. 取出切成約0.8-1公分厚度片狀，擺入烤盤，在每片餅乾中心崁入一顆杏仁粒後入烤。

07

新月堅果餅乾

白色堅果麵團

A· 奶油70g、砂糖40g、鹽1/8匙

B· 全蛋25g

C· 低筋麵粉125g

D· 核桃15g、杏仁粒或腰果15g、南瓜子10g

可可麵團

E· 奶油55g、砂糖30g

F· 全蛋15g

G· 低筋麵粉100g、可可粉一大匙

其它材料：蛋白液適量

成品數量	烤焙溫度	烤焙時間
約32-35片	上火180度 下火160度	12-15分鐘

作法

白色堅果麵團作法

1. 加入材料A（奶油、砂糖、鹽）打發成乳白毛絨狀。

2. 加入材料B（全蛋）充分攪打。

3. 過篩材料C（低筋麵粉）用長柄刮刀拌勻。

4. 加入材料D（核桃、杏仁果粒或腰果、南瓜子）拌成團，鬆弛10-15分鐘。

5. 將麵團整形成直徑約4-5公分長的圓形長條狀，用烘焙紙或塑膠袋捲起包好，放入冰箱冷凍30分鐘。

> ⚠️ 取出的圓形長條麵團，若形狀不滿意可以再繼續整形後再一次放入冰箱固定。

可可麵團作法

6. 將材料E（奶油、砂糖）打發呈乳白色毛絨狀。

7. 加入材料F（全蛋）快速攪打均勻。

8. 過篩材料G（低筋麵粉、可可粉）攪拌成團。

9. 放入冰箱冷藏鬆弛10-15分鐘。

組合作法

10. 將可可麵團擀成長方形與白色堅果麵團的長度一樣寬約10公分，表面抹上薄薄一層蛋白液。

11. 將滾成圓形長條的白色堅果麵團放在抹好蛋白液的可可麵團上，捲起用塑膠袋或烤焙紙包起來，放入冰箱冷凍約1小時。

12. 麵團取出切片每片厚度約0.4-0.5公分放入烤盤中入烤。

08

雪球

食材

A. 奶油**95g**、糖粉**30g**

B. 低筋麵粉**70g**、玉米粉**85g**

作法

1. 將材料A（奶油、糖粉）打發成乳霜狀。

2. 過篩材料B（低筋麵粉、玉米粉）加入拌成團。

> ! 小撇步　入口即化的口感來自玉米粉部份，玉米粉可用太白粉替代，但不能全部用低筋麵粉取代。

3. 將麵團分割每顆10-12g，平均擺放至烤盤中入烤。

作法1

作法2

作法2

作法3

09

亞麻酥餅

食材

A· 奶油70g、黑糖35g、糖粉10g、鹽1/8匙
B· 全蛋20g
C· 低筋麵粉120g
D· 亞麻仁粉35g、亞麻子15g

作法

1. 將材料A（奶油、黑糖、糖粉、鹽）打發至乳白色毛絨狀。

2. 加入材料B（全蛋）攪拌均勻。

3. 過篩材料C（低筋麵粉）拌勻。

4. 加入材料D（亞麻仁粉、亞麻子）拌成團，鬆弛15分鐘。

5. 整形成長約10公分的長方形麵團，放入冰箱冷凍冰硬約1小時。

   ⚠ 小提醒 餅乾形狀可隨自已喜好整形。

6. 取出切成約0.5公分厚度，平均擺至烤盤入烤。

10

優格司康餅

成品數量	烤焙溫度	烤焙時間
約9塊	上火200度 下火160度	15-20 分鐘

食材

A‧ 低筋麵粉150g、糖25g、泡打粉1/2匙、鹽1/8匙

B‧ 奶油45g

C‧ 全蛋35g

D‧ 優格65g

表面裝飾：蛋黃液

使用器具：直徑6-7公分圓形模

作法

1. 將材料A（低筋麵粉、糖、泡打粉、鹽）用軟刮板拌勻。

2. 加入材料B（奶油）切成一小塊充分拌成顆粒狀。

3. 分次加入材料C（全蛋）。

4. 再加入材料D（優格）後攪拌成團。

5. 將麵團包入塑膠袋中放進冰箱冷藏15-20分鐘。

6. 取出冷藏後的麵團擀成約2-2.5公分厚度的麵皮，用圓形模壓出圓形放入烤盤中。

   ⚠小叮嚀 不需擀壓太紮實，烘烤時才會呈現膨鬆感。

7. 表面塗抹蛋黃液入烤。

11

雙色桃酥

食材

原味麵團

A· 奶油85g、砂糖60g、鹽1/8匙

B· 全蛋15g

C· 低筋麵粉165g、泡打粉1/8匙、蘇打粉1/8匙

D· 熟核桃30g

抹茶麵團

E· 原味麵團150g

F· 抹茶粉1/2匙

成品數量	烤焙溫度	烤焙時間
約**15**片	上火**190**度 下火**160**度	**15-20** 分鐘

原味麵團作法

1. 將材料A（奶油、砂糖、鹽）打發呈乳霜狀。

2. 加入材料B（全蛋）攪打均勻。

3. 過篩材料C（低筋麵粉、泡打粉、蘇打粉）加入拌勻。

4. 接著加入材料D（熟核桃）拌成麵團。

抹茶麵團作法

5. 將材料E（原味麵團）取出。

6. 加入材料F（抹茶粉）攪拌均勻成團後鬆弛10-15分鐘。

7. 將原味麵團分割（15等份）每個約14g-15g。

8. 抹茶麵團分割（15等份）每個約10g。

9. 原味麵團壓扁後包入抹茶麵團滾成圓形擺入烤盤。

10. 排入烤盤後，在中心用手指壓出一個凹洞入烤。

> (!) 以前古早味的桃酥加的是銨粉（阿摩尼亞），也是化學膨脹劑的一種，會讓餅乾造成外皮硬硬脆脆的口感，但是由於材料取得不便加上味道不討喜也叫（臭粉），所以漸漸被泡打粉及蘇打粉取代。

12

花漾杏仁巧克力餅

成品數量	烤焙溫度	烤焙時間
約16個	上火180度 下火160度	15-20 分鐘

食材

A· 奶油55g、砂糖40g、鹽1/8匙

B· 全蛋25g

C· 低筋麵粉120g、泡打粉1/8匙

表面裝飾：杏仁角適量，融化巧克力適量

作法

1. 將材料A（奶油、砂糖、鹽）打發成乳白色毛絨狀。

2. 加入材料B（全蛋）充分攪打均勻。

3. 過篩材料C（低筋麵粉、泡打粉）拌成團，鬆弛10分鐘。

4. 分割麵團，每個20g，滾圓。

5. 滾圓好的麵團沾水裹上杏仁角擺入烤盤中，用手指或棍子在中間壓個凹洞入烤。

   ! 壓洞直接壓到底部，若壓的不夠深，餅乾烤熟後凹洞會因為膨脹而消失，而無法加入巧克力。

6. 將融化的巧克力擠滿餅乾的中心凹洞處，待凝固即可。

作法1　作法3

作法4　作法4

作法5

14

可可奶油酥餅

酥鬆餅乾

食材

A. 奶油**55g**、砂糖**30g**、鹽**1/8**匙

B. 低筋麵粉**120g**、可可粉一大匙、蘇打粉**1/8**匙

C. 全蛋**20g**

D. 巧克力碎片**45g**

作法1

作法2

作法3

作法4

作法

1. 過篩材料B（低筋麵粉、可可粉、蘇打粉）加入材料A（奶油、砂糖、鹽）中，用軟刮板輕切拌勻。

2. 切到奶油成小顆粒狀與麵粉均勻。

3. 在麵粉中間將材料C（全蛋）分次加入拌勻。

4. 最後再加入材料D（巧克力碎片）拌成麵團。

5. 將麵團放入塑膠袋中，用橄麵棍整形成長約7-8公分，厚約1.5公分的長條狀麵團。

6. 放入冰箱冷藏變硬後，將麵團切成寬約2公分擺入烤盤中入烤。

作法5

15

巧克力豆豆餅乾

食材

A · 奶油65g、砂糖35g

B · 全蛋35g

C · 低筋麵粉140g、泡打粉1/8匙

表面裝飾：巧克力豆35g

作法

1. 將材料A（奶油、砂糖）打至乳白色毛絨狀。

2. 分次加入材料B（全蛋）充分攪打。

   (!) 小撇步　每次倒入的蛋液一定要快速攪打均勻再加新的蛋液，比較不容易產生油水分離現象。

3. 過篩材料C（低筋麵粉、泡打粉）攪拌均勻成團後，鬆弛10-15分鐘。

4. 分割每個20g麵團揉成圓球後放入烤箱上壓扁，把巧克力豆平均裝飾在麵團上入烤。

16

椰子球

食材

A· 全蛋50g、砂糖25g

B· 奶粉20g、椰子粉100g

C· 奶油20g

作法

1. 將材料A（全蛋、砂糖）輕輕攪拌均勻到糖融化。

2. 加入材料B（奶粉，椰子粉）拌勻。

3. 最後加入材料C（奶油）拌壓成團，鬆弛10-15分鐘。

4. 分割每顆約重15g後滾圓放入烤盤中入烤。

> **!** 若分割時非常黏手，可先將椰子團放入冰箱冷凍約10-15分鐘後再取出操作。

> **!** 椰子粉很容易上色，所以烘烤時一定要特別注意，以免烤焦了。

作法1

作法3

17

抹茶球

食材

A·奶油60g、糖粉40g

B·全蛋15g

C·動物性鮮奶油10g

D·低筋麵粉130g、抹茶粉1/2匙

作法

1. 將材料A（奶油、糖粉）打至微發呈乳霜狀。

2. 加入材料B（全蛋）充分攪打拌勻。

3. 加入材料C（動物性鮮奶油）拌勻。

4. 過篩材料D（低筋麵粉、抹茶粉）拌成團。

   ⚠ 小叮嚀　若麵團攪拌時較濕黏，可再適量加入一些麵粉。

5. 分割每個10-12g揉成圓球入烤。

作法1

作法2

作法3

作法5

18

麵茶豆粉餅乾

食材

A · 奶油40g、糖粉25g、鹽1/8匙

B · 全蛋20g

C · 低筋麵粉50g、麵茶粉45g

表面裝飾：黃豆粉適量

作法

1. 將材料A（奶油、糖粉、鹽）打發成乳白色毛絨狀。

2. 加入材料B（全蛋）充分攪打均勻。

3. 過篩材料C（低筋麵粉、麵茶粉）用刮刀拌均勻。

> ⚠ 小叮嚀　市售的麵茶粉大多都是含糖居多，若是買到無糖麵茶粉，在糖粉的部份量要多加才不會覺得沒味道。

4. 用塑膠袋整形擀成厚度0.5-0.8公分片狀放入冰箱冷藏約20-30分鐘。

5. 切成每塊2-3公分大小的方塊，放入烤盤中入烤。

6. 待涼後，將餅乾裹上黃豆粉即可。

作法1

作法2

作法3

19

南瓜燕麥餅乾

成品數量	烤焙溫度	烤焙時間
約18-20個	上火180度 下火160度	15-20 分鐘

食材

A． 奶油50g、砂糖30g

B． 全蛋15g

C． 南瓜泥40g

D． 低筋麵粉120g、南瓜粉1/2匙

E． 南瓜子15g、杏仁角15g、即溶燕麥片15g

作法

1. 將材料A（奶油、砂糖）打發呈乳白色毛絨狀。

2. 加入材料B（全蛋）充分攪打均勻。

3. 加入材料C（南瓜泥）拌勻。

   (!) 小叮嚀 南瓜泥作法：去皮蒸熟或是水煮 成泥即可，不需再多添加奶油

4. 過篩材料D（低筋麵粉、南瓜粉）用長柄刮刀拌均勻。

5. 加入材料E（南瓜子、杏仁角、即溶燕麥片）拌成團，鬆弛10-15分鐘。

6. 分割每個15g揉成圓球放入烤盤後壓扁成圓片狀入烤。

   (!) 小叮嚀 每片的厚薄度不要相差太多，以免影響餅乾烘烤的口感及成品。

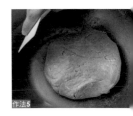

20

花生牛奶餅乾

食材

A·奶油65g、糖粉30g

B·動物性鮮奶油25g、煉乳25g

C·低筋麵粉110g

D·花生粉15g

表面裝飾：生花生碎顆粒適量

作法

1. 將材料A（奶油、糖粉）打發成乳白色毛絨狀。

2. 加入材料B（動物性鮮奶油、煉乳）攪拌均勻。

3. 過篩材料C（低筋麵粉）用刮刀拌勻。

4. 最後再加入材料D（花生粉）拌成團鬆弛10-15分鐘。

5. 分割麵團每個15g，滾成圓球狀。

6. 將圓球沾水。

7. 再裹上花生碎顆粒，平均放入烤盤中，微微壓扁入烤至表面呈金黃色。

作法3

作法5

作法5

作法6

21

卡雷特餅乾

作法1

食材

A · 奶油80g、糖粉30g、鹽1/8匙

B · 蛋黃一顆

C · 低筋麵粉120g、泡打粉1/8匙、杏仁粉10g

D · 桔醬（橙醬）15g

表面裝飾：蛋黃適量

作法3

作法

1. 材料A（奶油，糖粉，鹽）打至乳霜狀。

2. 加入材料B（蛋黃）攪打均勻。

3. 過篩材料C（低筋麵粉，泡打粉，杏仁粉）加入拌勻。

作法5

4. 再加入材料D（桔醬）拌成團，放入冰箱冷藏鬆弛10-15分鐘。

5. 擀成約1~1.5公分厚度。

6. 用圓形模型壓出圓形。

7. 表面抹蛋黃液用叉子劃出紋路後入烤。

作法6

22

香草奶香餅乾

食材

A· 奶油65g、糖粉35g、鹽1/8匙

B· 全蛋20g

C· 低筋麵粉120g、奶粉10g、香草粉10g

作法

1. 將材料A(奶油、糖粉、鹽)打成乳霜狀。

2. 加入材料B（全蛋）快速攪拌均勻。

3. 將材料C（低筋麵粉、奶粉、香草粉）過篩加入後用長柄刮刀拌壓成團。

   (!) 小叮嚀 香草粉可以用香草精（香草豆筴醬）適量替代。

4. 麵團滾成長條橢圓圓柱狀，放入冰箱冷凍15分鐘。

5. 切片每片厚度約0.5公分，放入烤盤入烤。

作法1

作法2

作法3

作法4

4

香脆餅乾

01

蝴蝶千層酥

食材

A· 高筋麵粉70g、低筋麵粉65g、糖5g、鹽1/8匙、奶油10g

B· 冰水65g

C· 裹入油85g（或奶油）

表面裝飾：蛋白適量、砂糖適量

作法

1. 將材料A（高筋麵粉、低筋麵粉、糖，鹽、奶油）和材料B（冰水）拌揉成團，揉至光滑後鬆弛10-15分鐘。

2. 將麵團擀壓。

3. 包入材料C（裹入油）放入冰箱冷凍5-10分鐘。

4. 取出後再用桿麵棍擀成長片狀重覆擀壓（3折3次），每次擀壓後 放入塑膠袋中冰冰箱冷凍約10-15分鐘。

> (!) 在擀壓過程中麵皮表面若有氣泡，要記得用叉子或牙籤刺破，做出來的千層酥皮才不會因孔洞而使表面破掉影響外觀。

5. 最後擀成一長片狀，麵皮上抹上薄薄的蛋白液灑上砂糖左右兩邊往中間對折，在對折後的麵皮上抹上一層蛋白液再灑上砂糖後再對折，整形好後放入冰箱冷凍10分鐘。

6. 麵團切成約0.8-1公分的片狀，放入烤盤入烤成金黃色。

作法1

作法3

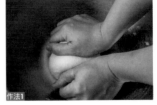
作法1

作法4

作法2

作法4

作法3

小撇步

02

檸檬脆糖餅乾

食材

A· 奶油60g、糖35g、鹽1/8匙

B· 蛋黃15g

C· 檸檬汁15g

D· 低筋麵粉120g

表面裝飾：蛋白少許、珍珠糖40g

作法

1. 將材料A（奶油、糖、鹽）打發成乳白色毛絨狀。

2. 加入材料B(蛋黃)充分攪打再加入材料C（檸檬汁）攪拌均勻。

3. 加入過篩材料D（低筋麵粉），用刮刀拌成團鬆弛10-15分鐘。

4. 滾成圓形長條狀後放入冰箱冷凍。

5. 冷凍好的麵團表面沾上蛋白，裹上珍珠糖。

6. 切成每塊長度2-3公分大小放入烤盤中入烤。

03

糖霜黑巧克力餅乾

香脆餅乾

清爽餅乾／強甜餅乾／中式大餅

食材

A · 蛋30g、糖40g、鹽1/8匙

B · 奶油70g、苦甜巧克力70g

C · 低筋麵粉100g、泡打粉1/4匙、蘇打粉1/8匙、可可粉1茶匙

表面裝飾：糖粉適量

作法

1. 先將材料B（奶油、苦甜巧克力）隔水加熱融化放涼。

2. 將材料A（蛋、糖、鹽）攪打至產生細微泡泡。

3. 加入作法1融化好的材料B（奶油、苦甜巧克力）一起攪拌均勻。

4. 過篩材料C（低筋麵粉、可可粉、泡打粉、蘇打粉）拌成團，鬆弛10-15分鐘。

5. 將麵團分割每個15g。

6. 滾成圓球狀沾上糖粉，壓扁入烤。

> (!) 每片的厚薄度要盡量一致，才不會影響烘烤時餅乾成品過焦或不熟。

> (!) 麵團表面滾上糖粉的目的是增加餅乾表面口感的脆度，如果不喜好太甜可不沾裹。

04

船形杏仁餅

成品數量	烤焙溫度	烤焙時間
約20-22片	上火160度 下火160度	15-20 分鐘

食材

A· 水麥芽30g、奶油30g、
　　動物鮮奶油一大匙

B· 砂糖15g、糖粉15g

C· 杏仁片50g

D· 船形糯米餅乾20-22片

1. 將材料A（水麥芽、奶油、動物性鮮奶油）和材料B（砂糖、糖粉）用小火煮沸（溫度約110度左右）。

   ⚠ 小撇步 不要用湯匙攪拌，若有焦味產生，可拿起鍋子輕輕轉圈搖動。

2. 熄火後加入材料C（杏仁片）拌勻。

   ⚠ 小撇步 在冬天製作請將材料C保溫後再倒入，以避免過冷使煮沸的糖漿冷卻，不易放入船形糯米餅乾中操作。

3. 平均放入船形餅乾中（鋪上薄薄一層即可）入烤至金黃色。

05

堅果香塔

食材

塔皮

A· 奶油30g、糖粉25g、鹽1/8匙

B· 全蛋10g

C· 低筋麵粉65g

餡料

D· 熟綜合堅果120g

E· 水麥芽30g、砂糖25g、動物性鮮奶油15g

F· 奶油15g

使用器具：圓形小塔模

作法

1. 將材料A（奶油、糖粉、鹽）攪打均勻呈乳霜狀。

2. 加入材料B（全蛋）拌勻。

3. 過篩材料C（低筋麵粉），拌勻成團，鬆弛15分鐘。

4. 分割每個20g。

5. 壓入模中。

6. 將壓好的麵團用叉子刺洞。

> ⚠ 小叮嚀　刺洞目地是為了防止底部的麵度鼓起太多。

7. 進烤箱180度烤約15分鐘，取出備用。

8. 將餡料材料E（水麥芽、糖、動物性鮮奶油）煮至約105-110度離火，加入餡料材料F（奶油）拌勻。

9. 加入餡料材料D（熟綜合堅果）拌勻。

10. 將堅果平均鋪放塔模中再入烤箱烤10-12分鐘表面成金黃即可。

06

杏仁焦糖脆餅

食材

餅乾體

A· 奶油80g、糖粉40g、鹽1/8匙

B· 蛋白40g

C· 低筋麵粉100g

內餡

D· 水麥芽40g、砂糖30g、鹽1/8匙、動物性鮮奶油15g

E· 奶油20g

F· 碎杏仁片50g

作法

餅乾體作法

1. 將材料A（奶油、糖粉、鹽）打發成乳霜狀。

2. 分次加入材料B（蛋白）攪打均勻。

3. 過篩材料C（低筋麵粉）拌至看不到粉末即可。

4. 將麵糊裝入放有0.8公分平口花嘴的擠花袋中備用。

也可以使用三明治袋剪洞擠出外圈麵糊。

5. 使用直徑3-5公分的圓形模沾上些許麵粉，在烤盤上做記號，麵糊沿著記號擠出。

內餡作法

6. 將內餡材料D（水麥芽、砂糖、鹽、動物性鮮奶油）用小火煮至融化均勻冒泡。

7. 倒入材料E（奶油）拌勻。

8. 加入材料F（碎杏仁片）離火拌勻。

組合作法

9. 將煮好的內餡舀入擠好的麵糊中心即可入烤。

不要放太多，容易在烘烤時溢出，影響外表。

07

杏仁蛋白餅乾

食材

A · 蛋白120g、檸檬汁1/4匙

B · 砂糖45g

C · 杏仁粉135g、低筋麵粉35g、糖粉45g

表面裝飾：生杏仁角適量

作法

1. 先將材料A（蛋白、檸檬汁）用電動打蛋機打出細泡沫。

2. 分次加入材料B（砂糖）打至硬性發泡。

> ! 小撇步 硬性發泡的定義，打至蛋白霜的紋路明顯不易消失，拉起時，蛋白霜呈堅挺的勾狀。

3. 過篩材料C（杏仁粉、低筋麵粉、糖粉）拌勻。

> ! 小撇步 輕柔攪拌，拌到看不到粉末即可，不要過度攪拌。

4. 在擠花袋裝入 0.8-1公分的平口花嘴，裝入麵糊在烤盤上出長條形狀（約10公分）。

5. 在擠好的麵糊上平均灑上杏仁粒入烤。

08

巧克力義式脆餅

食材

A· 奶油60g、砂糖30g、鹽1/8匙

B· 全蛋25g

C· 鮮奶15g

D· 低筋麵粉150g、可可粉一大匙、蘇打粉1/8匙

E· 粗杏仁片60g

作法

1. 將材料A（奶油、砂糖、鹽）充份攪打均勻。

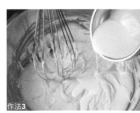
作法2

2. 分次加入材料B（全蛋）充分攪打。

3. 加入材料C（鮮奶）拌勻。

作法3

4. 過篩材料D（低筋麵粉、可可粉、蘇打粉）拌勻。

5. 加入材料E（粗杏仁片）拌成團，鬆弛10分鐘。

作法4

> ⚠ 小叮嚀 杏仁片可先在烤箱烤過（溫度上下火150度烤10-15分鐘），會更有堅果香氣。

6. 整形成長條狀（長約8-10公分，厚約1.5公分）麵團入烤。

7. 麵團烤約10-15分鐘7分熟，取出切片厚約1公分。

作法4

8. 排盤後再入烤箱烤約10-15分鐘即可。

09

義大利脆餅

食材

A · 奶油55g、砂糖25g、鹽1/8匙

B · 全蛋30g

C · 低筋麵粉150g、泡打粉1/4匙

D · 杏仁粒50g、蔓越莓乾25g

作法

1. 將材料A（奶油、砂糖、鹽）充份拌勻。

2. 加入材料B（全蛋）充分攪打。

3. 過篩材料C（低筋麵粉，泡打粉）拌勻。

4. 再加入材料D（杏仁粒、蔓越莓乾）稍微攪拌一下拌成麵團，鬆弛10分鐘。

5. 把麵團整成長條狀（長約7公分，厚約1.5公分）入烤，烤約15-18分鐘約七分熟。

6. 取出切成每塊約0.8-1公分厚片狀，再擺入烤盤中入烤至金黃即可。

作法1

作法3

作法4

作法5

> ! 小叮嚀　此類餅乾因經過二次烘烤，所以餅乾口感較硬，慢慢咀嚼會有不一樣的感受。

10

椰香餅乾

<!-- 左側直排文字 -->
流傳香脆餅乾

香脆餅乾

薄巧餅乾　夾餡餅乾　擠花餅乾

餅乾餅乾　中式大

食材

A . 奶油40g、椰子油30g、糖粉40g

B . 蛋白2顆

C . 低筋麵粉20g

D . 椰子粉100g

作法

1. 將材料A（奶油、椰子油、糖粉）攪打呈乳霜狀。

   (!) 椰子油使用固態狀。

2. 分次加入材料B（蛋白）充份攪打均勻。

3. 過篩材料C（低筋麵粉）拌勻。

4. 加入材料D（椰子粉）拌成團鬆弛20分鐘。

   (!) 因為粉類較少，所以麵團濕黏是正常現象。

5. 分割成每個20g或是用湯匙舀至烤盤上，壓扁入烤。

   (!) 椰子粉很容易上色，所以烘烤時要時常注意烤箱裡的狀況。

   (!) 此款餅乾需稍微悶烤讓餅乾的水份烤乾一些，不然很容易變得不夠酥脆。可再重覆回烤箱悶烤，但要注意表面的顏色不要過焦造成失敗。

作法1

作法3

作法4

11

咔拉棒

成品數量	烤焙溫度	烤焙時間
約10個	上火180度 下火150度	20-25 分鐘

食材

A· 鮮奶60g、黑糖50g、煉乳10g

B· 奶油35g

C· 全蛋40g

D· 低筋麵粉240g

作法

1. 將材料A（鮮奶、黑糖、煉乳）以小火煮至糖融化。

   ! 小叮嚀 若注意不要煮至沸騰，而使溫度過高（糖融即熄火），不然後面材料加入後容易造成油水分離的狀況。

2. 趁熱加入材料B（奶油）攪至融化。

3. 加入材料C（全蛋）攪拌均勻。

4. 過篩材料D（低筋麵粉）攪拌成團，鬆弛10-15分鐘。

5. 將麵團擀成厚約1-1.5公分長方形。

6. 放入冰箱冷藏15-20分鐘，取出切成寬1公分長條。

7. 將長條滾成圓柱狀，餅乾兩端一前一後轉成螺旋狀定型，擺入烤盤中入烤，烘烤至餅乾呈金黃色。

   ! 小叮嚀 若在整形時麵團過軟，可再放回冰箱冰硬再取出操作即可。

12

芝麻船形餅乾

成品數量

約18-20片

烤焙溫度

上火150度
下火150度

烤焙時間

15-20
分鐘

 食材

A‧水麥芽30g、奶油35g、蜂蜜一茶匙、
牛奶一茶匙

B‧砂糖25g、鹽1/8匙

C‧黑芝麻60g

其它材料：船形糯米餅乾18-20片

作法

1. 將材料A（水麥芽、奶油、蜂蜜、牛奶）加入材料B（砂糖、鹽）用小火煮至起泡泡即可。

   (!) 小叮嚀 在煮的過程中，盡量不要攪拌，以免造成糖漿變硬。

作法1

2. 加入材料C（黑芝麻）拌勻。

作法1

3. 用湯匙舀入船形糯米餅中（鋪上薄薄一層即可）入烤。

作法3

4. 烘烤約10分鐘後下火轉零再烤5-10分鐘即可。

13

黑鑽石餅乾

食材

A· 奶油65g、砂糖30g、鹽1/8匙

B· 全蛋25g

C· 低筋麵粉120g、可可粉一大匙、蘇打粉 1/8匙

D· 杏仁角40g

表面裝飾：粗顆粒砂糖（特砂）、蛋白液適量

作法1

作法2

作法

1. 將材料A（奶油、砂糖、鹽）打發呈乳霜狀。

2. 分次加入材料B（全蛋）充分攪打均勻。

3. 過篩材料C（低筋麵粉、可可粉、蘇打粉）拌勻。

4. 再加入材料D（杏仁角）拌成團，鬆弛10-15分鐘。

5. 將麵團整形成圓形條長狀（直徑約4-5公分），用塑膠袋或烘焙紙包好，放冰箱冷凍1小時。

6. 將冰硬的麵團外表抹上蛋白液，平均沾滾上粗顆粒糖後，切片，每片厚度約0.8-1公分，擺入烤盤入烤。

作法2

作法3

14

海苔米香

作法1

作法2

作法3

作法4

作法4

作法4

【食材】

A·水麥芽150g、砂糖 55g、鹽1/4匙、水50g、沙拉油15g

B·米果300g、蔓越莓20g、熟南瓜子30g

C·海苔粉一茶匙

表面裝飾：海苔粉適量

使用器具：**8-9**公分圓形框模

【作法】

1. 將材料A（水麥芽、砂糖、鹽、水、沙拉油）用小火煮沸（溫度約120-125度左右）。

   ! 小叮嚀 材料要煮至一定溫度才會變得酥脆較不易黏牙。

2. 離火後加入材料B（米果、蔓越莓、南瓜子）趁熱拌勻。

3. 再加入材料C（海苔粉）攪拌均勻。

4. 趁熱時快速舀入圓形框中壓緊定型，表面再灑上些許海苔粉即可。

   ! 小叮嚀 建議帶手套操作才不容易燙手。

15

佛羅倫汀杏仁脆餅

 食材

餅乾體

A· 奶油65g、糖粉40g、鹽1/8匙

B· 全蛋15g

C· 低筋麵粉120g、奶粉一大匙、
　　泡打粉1/8匙

杏仁脆片

D· 砂糖35g、動物性鮮奶油45g、水麥芽35g、
　　奶油25g

E· 杏仁片100g

使用器具：方形烤模20*20公分

成品數量	第一次烤焙	第二次烤焙	烤焙時間
約20-24片	上火180度 下火160度	上火170度 下火100度	30-35分鐘

作法

餅乾體作法

1. 將材料A（奶油、糖粉、鹽）攪打均勻。

2. 分次加入材料B（全蛋）拌勻。

3. 過篩材料C（低筋麵粉、奶粉、泡打粉）用長柄刮刀拌成團，放冰箱冷藏鬆弛30分鐘。

4. 將麵團放進塑膠袋裡擀平，厚度約0.5公分，放入方形烤模中鋪平，用叉子在麵團表面上刺洞入烤，烤約12分鐘，不用烤到約8分熟，即可取出。

作法2

作法3

杏仁脆片作法

5. 將材料D（砂糖、動物性鮮奶油、水麥芽、奶油）用小火煮至微滾後熄火。

> ⚠ 小叮嚀　煮糖過程中不要一直攪拌，此舉容易讓糖漿變硬塊，而導致失敗。

作法4

6. 加入材料E（杏仁片）拌勻。

組合作法

7. 將作法6（杏仁脆片）平均鋪在作法4（餅乾體）上面，再進烤箱烘烤約18-20分鐘表面呈金黃色即可。

作法6

8. 取出後切成大小適當的長方形或正方形即完成。

16

黑巧克力脆片

食材

餅乾體

A·奶油**50g**、糖粉**45g**

B·全蛋**35g**

C·低筋麵粉**100g**、可可粉一大匙、蘇打粉**1/8**匙

其它材料

D·米果**20g**

E·苦甜巧克力適量

F·熟杏仁片適量

使用器具：**5.5-6**公分圓形框模

作法

餅乾體作法

1. 將材料A（奶油、糖粉）打發呈乳白色毛絨狀。

2. 分次加入材料B（全蛋）充分攪打均勻。

作法3

3. 過篩材料C（低筋麵粉、可可粉、蘇打粉）攪拌均勻成團，鬆弛10-15分鐘。

作法3

4. 分割每個20g揉成圓球狀入烤，烤10分鐘後烤盤取出，趁熱用湯匙將每個圓球壓碎再入烤5-10分鐘後取出放涼備用。

其它材料

5. 材料D（米果）加入烤好碎餅乾混合拌勻。

作法6

6. 將材料E（苦甜巧克力）隔水加熱融化。

7. 作法5與作法6混合拌勻。

8. 將材料F（熟杏仁片）放些許在圓形框中，再將拌好的作法7舀入填滿圓形框中，輕輕壓至平整定型後脫模即可。

作法8

5

薄巧餅乾

01

芝麻薄餅

食材

A· 蛋白55g、砂糖40g、鹽1/8匙

B· 奶油40g

C· 低筋麵粉50g

D· 黑白芝麻30g

作法1

作法3

作法4

作法5

作法6

作法

1. 先將材料B（奶油）融化備用。

   ⚠ 小叮嚀　融化方式可用隔水加熱或是微波爐、烤箱加熱。

2. 將材料A（蛋白、砂糖、鹽）用打蛋器拌勻至糖鹽融化。

   ⚠ 小叮嚀　只要輕輕拌勻即可，不要過度攪打引起過多泡泡，影響餅乾美觀。

3. 加入融化的材料B攪拌均勻。

4. 分次過篩材料C（低筋麵粉）攪拌均勻。

5. 最後拌入材料D（黑白芝麻）拌勻。

6. 用湯匙舀至烤盤攤成圓形或正方形薄片。

02

蕾絲餅乾

成品數量	烤焙溫度	烤焙時間
約18-20個	上火160度 下火150度	10-12 分鐘

食材

A· 水麥芽40g、奶油30g、鮮奶40g

B· 砂糖20g、糖粉20g、鹽1/8匙

C· 低筋麵粉25g

D· 杏仁角35g

1. 將材料A（水麥芽、奶油、鮮奶）加上材料B（砂糖、糖粉、鹽）用小火煮沸。

> ⚠ 小叮嚀　煮至表面產生泡泡即可，糖溫煮太高，不容易使麵糊攤平且在烘烤時易讓餅乾顏色過焦。

作法1

2. 分次過篩材料C（低筋麵粉）加入拌勻。

> ⚠ 小叮嚀　麵粉過多容易攪拌不均，而產生白色小粉粒不易融化。

3. 再加入材料D（杏仁角）拌勻。

4. 用湯匙舀至鋪上烤焙紙的烤盤上。

> ⚠ 小叮嚀　因為餅乾屬於薄片，在烘烤時易沾黏於烤盤上取出容易破碎，所以一定要用烤焙紙才能保持餅乾的完整性。

作法1

食材

A · 奶油60g、糖粉40g

B · 全蛋50g

C · 鮮奶油20g

D · 低筋麵粉60g

作法

1. 將材料A（奶油、糖粉）打發呈乳白色毛絨狀。

2. 分次加入材料B（全蛋）攪拌均勻。

   ⚠ 小叮嚀 蛋量較多時一定要確實攪拌融合，才能再繼續加入。若沒有攪拌均勻，又再加入很容易造成油水分離現象。

3. 加入材料C（鮮奶油）攪拌均勻。

4. 過篩材料D（低筋麵粉）加入拌勻。

5. 用湯匙舀至烤盤呈圓片形狀抹平，入烤至金黃色即可。

   ⚠ 小叮嚀 麵糊若太濃稠，可加些許的鮮奶油適量調整。

咖啡煙卷

食材

A·全蛋90g、砂糖80g、鹽1/8匙

B·融化奶油50g

C·低筋麵粉80g

D·即溶咖啡粉15g

作法

1. 將材料A（全蛋、砂糖、鹽）輕輕拌勻。

2. 加入材料B（融化奶油）拌勻。

3. 過篩材料C（低筋麵粉）加入拌勻。

4. 再加材料D（即溶咖啡粉）拌勻休息5-10分鐘。

5. 用湯匙將麵糊鋪平入烤，表面呈金黃色，取出趁熱捲起定型即可。

(!) 小撇步 　薄片冷卻速度很快，所以建議每次烘烤的數量不要過多，最多5-6片，以免來不及捲起定型。

(!) 小撇步 　餅乾冷卻後要馬上放入保鮮盒中密封，因為薄片餅乾很容易受潮回軟。

作法1

作法2

作法3

6

夾餡餅乾

白色夾心薄餅

成品數量 / 烤焙溫度 / 烤焙時間
約48片
約24組

上火180度
下火150度

15-18
分鐘

食材

餅乾體

A· 奶油60g、糖粉45g、鹽1/8匙

B· 蛋白80g

C· 低筋麵粉80g

D· 牛奶10g

內餡

融化白色巧克力100g

作法

1. 將材料A（奶油、糖粉、鹽）打成乳霜狀。

2. 分次加入材料B（蛋白）快速攪拌均勻。

3. 將材料C（低筋麵粉）過篩加入。

4. 再加入材料D（牛奶）拌成麵糊狀。

> 材料D（牛奶）的部份是為了調整柔軟度，若覺得麵糊太乾，可再適量加入。

5. 裝入擠花袋中，在烤盤上擠出直徑2-2.5公分圓形入烤。

6. 將烤好的餅乾一面擠上融化白巧克力，再將另一片餅乾蓋上，放置冷卻凝固即可。

> 白色巧克力不要擠太多，以免在口感上太過甜膩，而吃不出餅乾香氣。

雅納酥餅乾

食材

A· 奶油50g、糖粉12g、鹽1/8匙

B· 全蛋40g

C· 低筋麵粉130g

表面裝飾：桔子或柚子果醬適量

使用器具：橢圓凹槽平面模型

作法

1. 將材料A（奶油、糖粉、鹽）攪打成乳霜狀。

> ⊘ 奶油不用打太發，打至糖融化即可，因要壓入
> 小叮嚀 模中，若太發容易讓餅乾的形狀過度膨脹，影
> 響美觀。

2. 分次加入材料B（全蛋）充分攪打。

3. 過篩材料C（低筋麵粉）拌成麵團鬆弛10-15分鐘。

4. 取出麵團每個約15-20g用指腹輕壓入模中整形，排入烤盤入烤10-12分鐘後取出。

5. 在凹槽處擠入適量桔醬抹平，再入烤箱烘烤約5分鐘即可。

作法1

作法2

作法3

作法3

造型餅乾

酥鬆餅乾

香脆餅乾

薄巧餅乾

夾餡餅乾

擠花餅乾

減油餅乾

中式大餅

03

蘭姆夾心餅乾

食材

餅乾體

A· 奶油**90g**、糖粉**45g**、鹽**1/8**匙

B· 全蛋**25g**

C· 低筋麵粉**140g**

夾心內餡

D· 奶油**60g**、糖粉**25g**、鹽**1/8**

E· 蘭姆酒**20g**、葡萄乾**30g**

作法

內餡作法

1. 先將材料E（蘭姆酒、葡萄乾）泡軟。

> ⚠ 不喜好酒類可不加，將酒改成開水將葡萄乾泡軟即可。

2. 將材料D（奶油、糖粉、鹽）打至乳霜狀。

3. 加入作法1拌勻即可。

餅乾體作法

4. 將材料A（奶油、糖粉、鹽）打發呈乳白色毛絨狀。

作法4

5. 加入材料B（全蛋）充分攪打。

作法5

6. 過篩材料C（低筋麵粉）加入後用刮刀拌成糰。

> ⚠ 每牌麵粉的吸水不同，若覺得太濕軟可適量加入麵粉。

7. 整形長方形條狀，放入冰箱冷凍約30分鐘。

8. 切成約0.3-0.5公分厚度入烤。

> ⚠ 烤盤內的厚薄度要盡量一致才不會餅乾顏色烘烤不均。

作法6

9. 取出放涼後夾入內餡即可。

04

巧克力派司

成品數量	烤焙溫度	烤焙時間
約24片 約12組	上火180度 下火160度	15 分鐘

食材

A· 全蛋85g、糖 45g、鹽1/8匙

B· 奶油60g、苦甜巧克力85g

C· 低筋麵粉120g、蘇打粉1/4匙、可可粉1大匙

D· 中間夾餡：棉花糖數顆

作法

1. 將材料A（全蛋、糖、鹽）充分攪打拌勻拌至糖融化。

2. 將材料B（奶油、苦甜巧克力）隔水加熱融化。

3. 倒入作法1中拌勻

4. 加入過篩的材料C（低筋麵粉、蘇打粉、可可粉）拌勻成巧克力麵糊。

5. 裝入擠花袋中。

6. 在烤盤上擠出圓形巧克力麵糊。

7. 入烤烤12分鐘後將一半餅乾取出放涼（當上蓋），另一半餅乾翻面放上材料D（棉花糖）再入烤約2分鐘後，蓋上放涼即可。

作法1　作法5
作法2　作法6

成品數量	烤焙溫度	烤焙時間
約16片 約8組	上火170度 下火150度	25-30 分鐘

食材

A· 蛋白70g

B· 砂糖30g

C· 低筋麵粉10g、杏仁粉50g、糖粉30g

D· 香草醬適量

E· 伯爵奶油餡：奶油80g，糖粉30g，伯爵茶包半包

表面裝飾：糖粉適量

使用器具：達克瓦茲專用橢圓模型

作法

1. 將材料A（蛋白）攪打至細緻泡泡。

2. 分次加入材料B（砂糖）打到硬性發泡。

3. 過篩材料C（低筋麵粉、杏仁粉、糖粉）加入作法1中攪拌至看不到粉末均勻即可。

> ! 小叮嚀　杏仁粉可選擇較細緻的粉末（如馬卡龍專用的杏仁粉）較好操作拌勻。

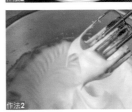

4. 加入材料D（香草醬）拌均勻後裝入塑膠袋中。

5. 在模型內擠滿麵糊，將多餘的麵糊刮平後，去掉模型。

6. 灑上糖粉（重覆二次）中間停留約5-8分鐘後再灑第二次後入烤。

7. 待餅乾冷卻後，餅乾擠上內餡再蓋上另一片餅乾即可。

伯爵奶油餡作法

8. 將奶油加入糖粉打至鬆發再拌入伯爵茶包拌勻。

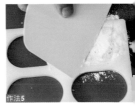

06

堅果鳳梨餅

食材

餅乾

A・奶油50g、無水奶油35g、糖粉30g、煉乳10g、鹽1/8匙

B・全蛋15g

C・低筋麵粉120g、奶粉10g、起司粉10g

內餡

土鳳梨餡125g，蔓越莓乾30g

表面裝飾：

蛋液適量，腰果適量，南瓜子適量

使用器具：圓形框模6個

作法

餅乾作法

1. 將材料A（奶油、無水奶油、糖粉、煉乳、鹽）打發均勻。

> ⚠ 小撇步 加入一些無水奶油可讓餅皮口感更鬆散，沒有無水奶油也可全部用奶油替代。

2. 加入材料B（全蛋）充分攪打。

3. 過篩材料C（低筋麵粉，奶粉，起司粉）拌成團（不要過度攪拌），鬆弛10-15分鐘。

作法3

4. 將外皮麵團分割6等份。

內餡作法

5. 將土鳳梨餡料與蔓越莓乾混合均勻，分成6等份。

作法3

組合作法

6. 將外皮麵團包入內餡，整成圓形放進模形中壓平。

> ⚠ 小撇步 含著框模入烤，可讓外形較為美觀，若圓形框模不多，也可將框模拿起入烤。

作法6

7. 表面抹上蛋液，放上南瓜子和腰果入烤。

甜心巧塔

遠面餅乾 ／ 原味餅乾 ／ 舌尖馬卡 ／
夾餡餅乾 ／ 擠花餅乾 ／ 鬆散甜餅乾 ／ 中式酥餅 ／

食材

A·奶油30g、糖粉25g、鹽1/8匙

B·全蛋10g

C·低筋麵粉65g

內餡

融化草莓巧克力、融化白色巧克力適量

中心夾餡

草莓果醬、藍莓果醬

使用器具：圓型小塔模

作法4

作法5

作法6

作法

1. 將材料A（奶油、糖粉、鹽）打發至鬆發呈乳白色毛絨狀。

2. 加入材料B（全蛋）拌勻。

3. 過篩材料C加入用長柄刮刀攪拌成團。

4. 分割每顆20g約6個。

5. 將分割好的麵團滾圓後壓入模中。

6. 在壓好的麵團底部用叉子刺洞。

> (!) 小叮嚀　刺洞不用刺的太密集，目的是為了預防底部因烘烤而過度膨脹，影響餡料 入不足。

作法8

7. 進烤箱以180度烤至邊緣呈金黃色後，取出放涼。

8. 將內餡裝袋擠入烤好的塔皮內，趁內餡未凝固前在中心點擠入果醬，待巧克力凝固即可。

作法8

7

擠花餅乾

01

巧克力圈圈餅

擠花餅乾

約20片　上火180度 下火160度　15-18分鐘

作法1

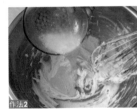
作法2

[食材]

A・ 奶油80g、糖粉35g、鹽1/8匙

B・ 全蛋25g

C・ 低筋麵粉100g、可可粉一大匙、蘇打粉1/8匙

表面裝飾：融化苦甜巧克力、熟杏仁粒適量

作法3

[作法]

1. 將材料A（奶油、糖粉、鹽）放入盆中攪打成毛絨狀。

2. 分次加入材料B（全蛋）充分攪打均勻。

3. 過篩材料C（低筋麵粉、可可粉、蘇打粉）用長柄刮刀拌勻，鬆弛10分鐘。

4. 裝入擠花袋，在烤盤上擠出圓圈形狀的麵糊。

5. 將烤好的餅乾，部份沾上少許融化的苦甜巧克力最後灑上杏仁顆粒，待巧克力表面冷卻後即可。

作法3

作法4

02

抹茶曲奇餅乾

食材

A· 奶油75g、糖粉45g、鹽1/8匙

B· 全蛋25g

C· 低筋麵粉90g、抹茶粉一大匙

表面裝飾：蔓越莓或巧克力豆適量

作法

1. 將材料A（奶油、糖粉、鹽）打發呈毛絨狀。

   !小叮嚀 攪打過程中，奶油若卡在打蛋器上，屬正常狀況，不需要特別用手或工具去刮下，容易造成太大的耗損，只要繼續攪打奶油就會融化囉。

2. 分次加入材料B（全蛋）充分攪打。

3. 過篩C（低筋麵粉、抹茶粉）拌勻，鬆弛10分鐘。

   !小叮嚀 若糖量不多抹茶的苦味較明顯，不喜苦味可以再增加5-10g的糖量。

4. 使用8瓜花嘴將麵糊裝入擠花袋中。

5. 在烤盤上定點擠出花形，中心點上放一顆蔓越莓乾入烤。

白巧花圈餅乾

食材

A· 奶油55g、糖粉30g、鹽1/8匙

B· 全蛋40g

C· 低筋麵粉80g

表面裝飾：溶化白巧克力適量、熟杏仁粒適量

使用器具：8爪或6爪花嘴，擠花袋

作法3

作法3

作法

1. 將材料A（奶油、糖粉、鹽）用打蛋器打至乳霜狀。

2. 分次加入材料B（全蛋）攪打均勻。

3. 加入過篩C（低筋麵粉）拌勻成麵團。

4. 用圓形模沾少許麵粉在烤盤上蓋印圓圈形。

5. 先將花嘴裝入擠花袋再將麵糊裝入擠花袋中。

6. 延著記號線擠出一顆一顆花造型圍成圓形後入烤。

7. 將白巧克力隔水加熱融化裝袋備用。

8. 在烤好的餅乾鋪上一張烤焙紙，在餅乾中心擠入融化的巧克力，最後在上面放上一顆杏仁粒凝固後即可。

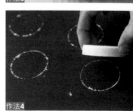

作法4

作法7

04

甜甜圈餅乾

食材

A‧奶油80g、糖粉40g、鹽1/8匙

B‧全蛋45g

C‧低筋麵粉110g、杏仁粉30g

表面裝飾：各種顏色的巧克力適量、巧克力米適量

作法1　作法2　作法3

作法

1. 將材料A（奶油、糖粉、鹽）打發呈乳霜狀。

2. 分次加入材料B（全蛋）充分攪打均勻。

3. 過篩材料C（低筋麵粉、杏仁粉）拌勻成團，鬆弛10分鐘。

> **!** 在篩網上可能會留下少許的顆粒是杏仁粉的小碎粒，直接倒入麵糊即可。

作法3

4. 將0.8或1公分的平口花嘴裝入擠花袋中。

5. 再將麵糊裝入擠花袋中，在烤盤上擠出圓圈形狀的造型即可入烤。

6. 餅乾烘烤出爐後，待涼，在餅乾表面上沾上巧克力，再灑上巧克力米裝飾即可。

作法4

作法5

05

蛋白霜餅乾

食材

A· 蛋白60g

B· 砂糖35g、糖粉35g

C· 其它顏色適量（天然粉末或色膏）

作法

1. 先將材料A（蛋白）用電動打蛋機以中速檔打出泡沫。

2. 分2-3次加入材料B（砂糖、糖粉）打至硬性發泡。

   (!) 每次倒入材料B攪打約1分鐘再加入下一次。

3. 取出少許打好的蛋白霜加入喜好的顏色粉末或色膏輕輕拌勻。

4. 先在擠花袋週圍擠入有顏色蛋白霜，再裝入白色蛋白霜在烤盤上擠出形狀入烤。

   (!) 花嘴形狀可任意選擇，如8爪或6爪。

   (!) 冷卻後的蛋白霜餅乾，要趕快裝入密封罐或是袋中，不然表面很容易回潮變得濕黏。

06

乳酪起司棒

食材

A· 奶油40g、奶油乳酪40g、糖粉40g、鹽1/8匙

B· 全蛋30g

C· 低筋麵粉120g、杏仁粉20g、起司粉10g

表面裝飾：帕瑪森起司粉

使用器具：扁平鋸齒狀花嘴、擠花袋

作法

1. 材料A（奶油、奶油乳酪、糖粉、鹽）用
   打蛋器充分攪打至鬆軟無顆粒狀。

   (!) 小叮嚀 奶油乳酪較不好攪拌，可提前先置室溫下軟化
   後再操作，或是先用隔水加熱方式讓奶油乳酪
   軟化。

2. 分次加入材料B（全蛋）攪打均勻。

3. 加入過篩材料C（低筋麵粉、杏仁粉、起
   司粉）用長柄刮刀拌勻成麵糊狀。

4. 裝入裝好花嘴的擠花袋中。

5. 在烤盤上擠出長約6-8公分的長條形麵糊。

   (!) 小叮嚀 若擠出的麵糊形狀不滿意，可重新刮回擠花
   袋中再擠，但不可重覆過多次，否則容易造
   成麵糊出油，而影響餅乾口感。

   (!) 小叮嚀 擠好的長條麵糊左右邊若不整齊，可用塑膠刀
   刮齊。

6. 在表面上灑上適量帕瑪森起司粉後入烤。

8

鹹甜餅乾

帕瑪森起司餅乾

起司餅乾

酥鬆餅乾

香脆餅乾

捲巧餅乾

茶餅乾

填巧餅乾

鹹甜餅乾

手工餅乾

食材

A· 奶油50g、砂糖25g、鹽1/8匙

B· 全蛋40g

C· 低筋麵粉100g、泡打粉1/8匙

D· 帕瑪森乳酪粉25g、大蒜粉1/2匙、胡椒粉適量

作法

1. 把材料A（奶油、砂糖、鹽）打發成毛絨狀。

2. 分次加入材料B（全蛋）攪打均勻。

   > ! 小撇步　每次倒入的蛋液一定要快速攪打均勻再加新的蛋液，比較不容易產生油水分離現象。

3. 加入過篩後的材料C（低筋麵粉、泡打粉）。

4. 用長柄刮刀拌勻。

5. 最後再加入材料D拌成團。

6. 滾成方形長條狀，冰凍15-20分鐘，取出切片入烤。

   > ! 小撇步　切片的厚薄度要一致，烤出來的餅乾顏色才會較平均上色，不容易焦黑。

02

海苔煎餅

食材

A· 全蛋60g、糖60g、

B· 融化奶油50g

C· 中筋麵粉100g、低筋麵粉100g

D· 醬油一茶匙

E· 海苔粉一茶匙

表面裝飾：海苔粉、黑芝麻適量

作法

1. 將材料A（全蛋、糖）輕輕攪拌均勻。

2. 加入材料B（融化奶油）。

3. 分次過篩材料C（中筋麵粉、低筋麵粉）拌勻。

> ⚠ 小叮嚀 若一次全部過篩，由於粉量過多而不易攪拌均勻。

4. 依序加入材料D（醬油）和材料E（海苔粉）拌成團後鬆弛10-15分鐘。

> ⚠ 小叮嚀 加入醬油的目地是為了增加餅乾顏色及味道上的香氣。

5. 將麵團放入塑膠袋內擀平厚度0.2-0.5公分。

6. 用餅乾模型壓出形狀排入烤盤中。

7. 在中心上灑上海苔粉和黑芝麻。

8. 用手或桿麵棍輕輕把海苔粉壓進餅乾中入烤即可。

03

馬鈴薯脆餅

成品數量	烤焙溫度	烤焙時間
約40-45個	上火180度 下火160度	12-15 分鐘

A． 低筋麵粉150g、蘇打粉1/8匙、鹽1/8匙

B． 馬鈴薯泥60g、奶油20g

C． 橄欖油30g

麵團表層：鹽（適量）、乾燥洋香菜（適量）、水（適量）

作法

1. 把材料A（低筋麵粉、蘇打粉、鹽）所有
   材料拌勻。

作法1

2. 加入材料B（馬鈴薯泥、奶油）和材料C
   （橄欖油）用手揉成麵團，休息10-15分
   鐘。

作法2

3. 將麵團放進塑膠袋，用桿麵棍擀出厚約0.2
   公分的薄麵皮。

4. 用刀子或模形滾刀切出長約5公分寬3公分
   的長方形，放入烤盤上刺洞，表面抹些
   水，灑上鹽巴、洋香菜人烤。

作法3

04

咖哩香棒餅

食材

A‧ 奶油125g、糖粉45g、鹽1/8匙

B‧ 全蛋50g

C‧ 低筋麵粉160g、咖哩粉15g、起司粉20g、杏仁粉35g

D‧ 黑胡椒粒適量、洋菜葉或乾蔥末適量

作法

1. 將材料A（奶油、糖粉、鹽）打發呈乳白色毛絨狀。

2. 分次加入材料B（全蛋）充分攪打。

   > ⚠ 蛋量過多時，一定要確實攪打均勻再加入，可分多次加入，攪打不確實很容易造成油水分離現象，而影響餅乾口感。

3. 過篩材料C（低筋麵粉、咖哩粉、起司粉、杏仁粉）均勻攪拌。

作法2

4. 加入材料D（黑胡椒粒、洋菜葉）拌勻成團，鬆弛10分鐘。

   > ⚠ 黑胡椒是為了增加風味，不愛黑胡椒味可以省略不加。

作法3

5. 將麵團整形成厚度約1.5-2公分長，約7-8公分的長方形麵團，放入冰箱冰硬。

   > ⚠ 麵團冰硬後再切割，切出來的餅乾麵團表面及形狀才會漂亮。

6. 取出切成寬約1-1.5公分的條狀，放入烤盤中入烤。

作法4

05

洋蔥風味餅

食材

A· 奶油100g、砂糖35g、鹽1/4匙

B· 全蛋50g

C· 低筋麵粉150g、洋蔥粉20g、起司粉15g

D· 乾蔥末一茶匙

使用器具：花朵餅乾模型

作法

1. 將材料A（奶油、砂糖、鹽）打發成乳白色毛絨狀。

2. 分次加入材料B（全蛋）快速攪打均勻。

3. 過篩材料C（低筋麵粉、洋蔥粉、起司粉）加入，用長柄刮刀拌勻。

4. 再加入材料D（乾蔥末）拌成團，鬆弛10分鐘。

5. 將麵團放入塑膠袋壓扁擀壓成約0.5-0.8公分厚度的麵團，用餅乾模型壓出形狀後放入烤盤中，用叉子刺洞入烤。

（!）小叮嚀 若麵團太軟不好操作，可擀壓後放入冰箱冷凍約10分鐘後再取出操作。

（!）小叮嚀 刺洞目的是為了不讓餅乾表面在烘烤時產生不規則的氣泡而影響美觀。

作法1

作法3

作法3

06

香蔥蘇打餅乾

食材

A· 低筋麵粉100g、蘇打粉1/8匙、鹽1/8匙

B· 奶油20g

C· 酵母1/4g、水50g

D· 乾蔥末2g

麵團表層：橄欖油適量、鹽（適量）

作法

1. 把材料A（低筋麵粉、蘇打粉、鹽）加入材料B（奶油）用軟刮板切拌均勻。

2. 加入材料C（酵母、水）拌揉。

3. 最後加入材料D（乾蔥末）揉至光滑麵團醒10分鐘。

4. 將麵團放進塑膠袋中，用桿麵棍擀出厚約0.2公分的薄麵皮。

5. 放入冰箱冷凍後取出，表面抹上薄薄一層橄欖油，用刀子切出4公分的正方形，放烤盤上刺洞，灑上少許鹽巴入烤。

作法1

作法2

(!) 放入冰箱的麵團切出的形狀比較工整漂亮。

(!) 切好後不要在室溫下過久，須立刻入烤，以免麵皮過度膨脹而影響餅乾的口感及美觀。

(!) 烤好後不要急著出爐，在烤箱悶約5-10分鐘後再取出，口感上會較酥脆。

作法3

9

中式大餅

01

龍鳳大餅

食材

漿皮材料

A· 轉化糖漿80g、花生油37g

B· 鹼水5g、鹽1/4匙

C· 低筋麵粉125g

餡料材料

冬瓜鳳梨餡680g

表面裝飾：蛋黃液

使用器具：12兩龍鳳喜餅模

鹼水（材料）作法：鹼粉12g＋熱水50g拌勻

作法5

作法5

作法6

作法6

作法6

小撇步

作法

1. 將材料A（轉化糖漿、花生油）拌勻。

2. 加入材料B（鹼水、鹽）拌勻。

3. 過篩材料C（低筋麵粉）拌至光滑後鬆弛30-35分鐘。

4. 將漿皮分成2等份，餡料分成2等份。

5. 漿皮包入餡料搓成圓形狀。

6. 壓入模後敲出排入烤盤中放入烤箱。

> (!) 小撇步　使用模型前要先抹油或灑粉，較容易脫模不沾黏。

7. 入烤10分鐘後取出，刷上蛋黃液（重覆二次）再入烤。

> (!) 小撇步　若烤中餅乾底部已呈金黃色，烤盤底部再墊烤盤，並將底火溫度轉零續烤至熟透即可。

造型餅乾

酥鬆餅乾

香脆餅乾

薄巧餅乾

夾餡餅乾

擠花餅乾

鹹甜餅乾

中式大餅

02

芝麻大餅

食材

糕皮

A· 奶油60g、糖粉25g

B· 全蛋100g

C· 中筋麵粉160g、奶粉15g、起司粉10g

內餡

D· 鹹蛋黃120g

E· 奶油100g、糖粉80g

F· 低筋麵粉100g、起司粉一大匙

G· 碎葡萄乾60g、碎冬瓜糖20g、熟白芝麻20g

H· 蛋黃20g

表面裝飾：生白芝麻適量

作法

糕皮作法

1. 材料A（奶油、糖粉）打至鬆軟。

2. 加入材料B（全蛋）充分攪打均勻。

3. 加入材料C（中筋麵粉、奶粉、起司粉）攪拌成團（不要過度攪拌），鬆弛10-15分鐘，分成2等份。

內餡作法

4. 先將材料D（鹹蛋黃）用米酒微泡一下撈起後入烤，溫度150度烤10-12分鐘，取出壓碎。

作法2

5. 依序加入材料E（奶油、糖粉），過篩材料F（低筋麵粉、起司粉），材料G（碎葡萄乾、碎冬瓜糖、熟白芝麻），材料H（蛋黃），全部拌勻後捏成團，分割成2等份。

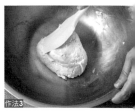

作法3

組合作法

6. 將糕皮包入內餡後壓扁擀成扁圓型，直徑約15公分。

7. 在表面上抹刷水，沾上芝麻，芝麻面朝下放入烤盤，平均麵皮上刺洞入烤。

8. 烤至表面略呈金黃色時，再將芝麻面翻正再續烤至芝麻完全呈金黃色即可。

作法5

送禮餅乾

酥糕餅乾

杏鵑餅乾

蓮芬餅乾

果凍餅乾

煙花餅乾

養生餅乾

中式大餅

03

抹茶麻糬Q餅

成品數量	烤焙溫度	烤焙時間
約**2**個	上火**200**度 下火**160**度	**20-25**分鐘

食材

油皮

A· 中筋麵粉**100g**、低筋麵粉**10g**、糖粉**20g**、豬油**40g**、水**40g**、

油酥

B· 低筋麵粉**75g**、豬油**35g**

內餡

C· 抹茶餡**220g**、麻糬**100g**

表面裝飾：蛋黃液適量

作法1

作法5

作法6

作法6

作法6

作法7

作法

油皮作法

1. 將油皮材料（中筋麵粉、低筋麵粉、糖粉、豬油、水）全部揉成光滑不黏手麵團，鬆弛20分鐘，分成2等份。

油酥作法

2. 油酥材料（低筋麵粉、豬油）用長柄刮刀拌壓成團，分成2等份。

內餡作法

3. 將內餡材料（抹茶餡、麻糬）各分成2等份。

4. 將抹茶壓扁包入麻糬整成圓球狀。

組合作法

5. 油皮包油酥。

6. 擀捲兩次，鬆弛20-25分鐘。

7. 將捲好的麵團擀壓成圓片狀，包入餡料整成圓型後鬆弛15分鐘。

8. 整形擀壓成直徑約15±1公分圓片狀，再鬆弛10分鐘後抹上蛋黃液入烤

> **!** 小撇步　每次的鬆弛，麵團一定要覆蓋塑膠袋或保鮮膜，以防止表面過乾龜裂，而影響操作及美觀。

> **!** 小撇步　若在天氣炎熱可放於冰箱冷藏鬆弛，較方便操作。

清口餅乾

水鍋餅乾

香脆餅乾

澆巧餅乾

夾餡餅乾

擠花餅乾

鹹甜餅乾

中式大餅

04

奶油酥餅

食材

油皮

A· 熱水60g、中筋麵粉120g、
　　冷水25g、奶油10g

油酥

B· 低筋麵粉75g、奶油35g

內餡

C· 抹水麥芽15g、糖粉50g、
　　奶油15g、熟麵粉20g、水6g

／ **成品數量** ／ **烤焙溫度** ／ **烤焙時間** ／

約**2**大片

上火**200**度
下火**150**度

20-25
分鐘

作法1

作法2

作法3

作法4

作法5

作法

油皮作法

1. 將沸水沖入中筋麵粉內,用桿麵棍攪拌均勻。

2. 加入冷水再加人奶油揉成光滑不黏手麵團,鬆弛約35分鐘,分成2等份。

   > (!) 小撇步　油皮一定要鬆弛足夠時間,才不容易破皮。

油酥作法

3. 將所有材料用長柄刮刀拌壓成團,分成2等份。

內餡作法

4. 將所有材料抓拌均勻成團即可,分成2等份。

組合作法

5. 將油皮壓扁包入油酥,擀捲二次,鬆弛15-20分鐘。

   > (!) 小撇步　每次操作一定要將麵團覆蓋,避免麵團表面過於乾燥容易破損。

6. 將組合作法1壓扁包入內餡,再鬆弛10-15分鐘。

7. 擀成直徑約18-20公分的圓片後入烤,烤至金黃色即可。

全台烘焙材料店list

北部

富盛
基隆市仁愛區曲水街18號
(02)2425-9255

美豐
基隆市仁愛區孝一路36號
(02)2422-3200

新樺
基隆市仁愛區獅球路25巷10號
(02)2431-9706

嘉美行
基隆市中正區豐稔街130號B1
(02)2462-1963

證大
基隆市七堵區明德一路247號
(02)2456-6318

精浩(日勝)
台北市大同區太原路175
巷21號1樓
(02)2550-6996

燈燦
台北市大同區民樂街125號
(02)2557-8104

洪春梅
台北市大同區民生西路
389號
(02)2553-3859

佛晨(果生堂)
台北市中山區龍江路429巷8號
(02)2502-1619

金統
台北市中山區龍江路377
巷13號1樓　(02)2505-6540

申崧
台北市松山區延壽街402
巷2弄13號
(02)2769-7251

義興
台北市松山區富錦街574巷2號
(02)2760-8115

向日葵
台北市大安區市民大道四
段68巷4號
(02)8771-5775

樂烘焙
台北市大安區和平東路三
段68-8號
(02)2738-0306

升源(富陽店)
台北市大安區富陽街21巷
18弄4號1樓
(02)2736-6376

正大行
台北市萬華區康定路3號
(02)2311-0991

大通
台北市萬華區德昌街235
巷22號
(02)2303-8600

升記(崇德店)
台北市信義區崇德街146
巷4號1樓
(02)2736-6376

松美
台北市信義區忠孝東路五
段790巷62弄9號
(02)2727-2063

日光
台北市信義區莊敬路341
巷19號
(02)8780-2469

飛訊
台北市士林區承德路四段
277巷83號
(02)2883-0000

宜芳
台北市士林區社中街99號
1樓
(02)2811-8267

嘉順
台北市內湖區五分街25號
(02)2632-9999

明瑄
台北市內湖區港墘路36號
(02)8751-9662

元寶
台北市內湖區環山路二段
133號2樓
(02)2658-9568

橙佳坊
台北市南港區玉成街211號
(02)2786-5709

得宏
台北市南港區研究院路一
段96號
(02)2783-4843

卡羅
台北市南港區南港路二段
99-22號
(02)2788-6996

菁乙
台北市文山區景華街88號
(02)2933-1498

全家
台北市文山區羅斯福路五
段218巷36號
(02)2932-0405

大家發
新北市板橋區三民路一段
99號
(02)8953-9111

全成功
新北市板橋區互助街20號
(新埔國小旁)
(02)2255-9482

旺達(新順達)
新北市板橋區信義路165號
(02)2962-0114

愛焙
新北市板橋區莒光路103號
(02)2250-9376

聖寶
新北市板橋區觀光街5號
(02)2963-3112

盟昌
新北市板橋區縣民大道三
段205巷16弄17號2樓
(02)2251-7823

加嘉
新北市汐止區汐萬路一段
246號
(02)2649-7388

彰益
新北市汐止區環河街186
巷2弄4號
(02)2695-0313

佳佳
新北市新店區三民路88號
(02)2918-6456

艾佳(中和)
新北市中和區宜安路118
巷14號
(02)8660-8895

安欣
新北市中和區連城路389
巷12號
(02)2225-0018

嘉元
新北市中和區連城路224-16號
(02)2246-1788

全家(中和)
新北市中和區景安路90號
(02)2245-0396

馥品屋
新北市樹林區大安路175號
(02)2686-2569

快樂媽媽
新北市三重區永福街242號
(02)2287-6020

豪品
新北市三重區信義西街7號
(02)8982-6884

家藝
新北市三重區重陽路一段
113巷1弄38號
(02)8983-2089

今今
新北市五股區四維路142
巷14弄8號
(02)2981-7755

銘珍
新北市淡水區下圭柔山
119-12號
(02)2626-1234

溫馨屋
新北市淡水區英專路78號
(02)2621-4229

鼎香居
新北市新莊區新泰路408號
(02)2998-2335

麗莎
新北市新莊區四維路152巷5號
(02)8201-8458

艾佳(桃園)
桃園市桃園區永安路281號
(03)332-0178

湛勝
桃園市桃園區永安路159-2號
(03)332-5776

做點心過生活(桃園)
桃園市桃園區復興路345號
(03)335-3963

做點心過生活
桃園市桃園區民生路475號
(03)335-1879

和興
桃園市桃園區三民路二段69號
(03)339-3742

全國
桃園市桃園區大有路85號
(03)333-9985

艾佳(中壢)
桃園市中壢區環中東路二
段762號
(03)468-4558

做點心過生活(中壢)
桃園市中壢區中豐路320號
(03)422-2721

桃榮
桃園市中壢區中平路91號
(03)422-1726

乙馨
桃園市平鎮區大勇街禮節
巷45號
(03)458-3555

東海
桃園市平鎮區中興路平鎮
段409號
(03)469-2565

家佳福
桃園市平鎮區環南路66巷
18弄24號
(03)492-4558

台揚(台威)
桃園市龜山區東萬壽路
311巷2號
(03)329-1111

陸光
桃園市八德區陸光街1號
(03)362-9783

廣福林
桃園市八德區富榮街294號
(03)363-8057

新盛發
新竹市民權路159號
(03)532-3027

萬和行
新竹市東門街118號
(03)522-3365

新勝(熊寶寶)
新竹市中山路640巷102號
(03)538-8628

永鑫(新竹)
新竹市中華路一段193號
(03)532-0786

力陽
新竹市中華路三段47號
(03)523-6773

富讚
新竹市港南里海埔路179號
(03)539-8878

葉記
新竹市鐵道路二段231號
(03)531-2055

德麥
新竹市東山里東山街95號
(03)572-9525

康迪(烘焙天地)
新竹縣寶山鄉雙溪村館前
路92號
(03)520-5265

艾佳(新竹)
新竹縣竹北市成功八路
286號
(03)550-5369

普來利
新竹縣竹北市縣政二路
186號
(03)555-8086

天隆
苗栗縣頭份鎮中華路641號
(03)766-0837

詮紘
苗栗縣苑裡鎮新生路17號
(03)785-5806

中部

總信
台中市南區復興路三段
109-4號
(04)2220-2917

永誠行(總店)
台中市西區民生路147號
(04)2224-9876

永誠行(精誠店)
台中市西區精誠路317號
(04)2472-7578

玉記(台中)
台中市西區向上北路170號
(04)2310-7576

永美
台中市北區健行路665號
(04)2205-8587

齊誠
台中市北區雙十路二段79號
(04)2234-3000

榮合坊
台中市北區博館東街10巷9號
(04)2380-0767

裕軒
台中市北屯區昌平路二段
20-2號
(04)2421-1905

辰豐
台中市北屯區中清路151-25號
(04)2425-9869

生暉行
台中市西屯區福順路10號
(04)2463-5678

九九行
台中市西屯區中港路50號
(04)2461-3699

利生
台中市西屯區西屯路二段
28-3號
(04)2312-4339

利生
台中市西屯區河南路二段
83號
(04)2314-5939

豐榮
台中市豐原區三豐路317號
(04)2527-1831

漢泰
台中市豐原區直興街76號
(04)2522-8618

大里鄉
台中市大里區大里路長興
一街62號
(04)2406-3338

鼎亨
台中市大里區光明路60號
(04)2686-2172

美旗
台中市大里區仁禮街45號
(04)2496-3456

富偉
台中市南屯區大墩19街
241號
(04)2310-0239

永誠行
彰化市三福路195號
(04)724-3927

永誠行
彰化市彰新路二段202號
(04)733-2988

王誠源
彰化市永福街14號
(04)723-9446

億全
彰化市中山路二段252號
(04)723-2903

永明
彰化市彰草路7號
(04)751-5295

名陞
彰化市金馬路三段393號
(04)761-0099

上豪
彰化縣芬園鄉彰南路三段
355號
(04)952-2339

金永誠
彰化縣員林鎮員水路二段
423號
(04)832-2811

祥成
彰化縣和美鎮道周路570號
(04)757-7627

順興
南投縣草屯鎮中正路586-5號
(049)233-3455

信通
南投縣草屯鎮太平路二段60號
(049)231-8369

協昌
南投縣草屯鎮太平路一段
488號
(049)235-2000

宏大行
南投縣埔里鎮清新里雨樂
巷16-1號
(049)298-2766

利昌珍
南投縣竹山鎮前山路一段
247號
(049)264-2530

新瑞益(雲林)
雲林縣斗南鎮七賢街128號
(05)596-3765

彩豐
雲林縣斗六市西平路137號
(05)533-4108

巨城
雲林縣斗六市仁義路6號
(05)532-8000

好美
雲林縣斗六市中山路218號
(05)534-4303

宗泰
雲林縣北港鎮文昌路140號
(05)783-3991

協美行
雲林縣虎尾鎮中正路360號
(05)631-2819

南部

新瑞益(嘉義)
嘉義市仁愛路142-1號
(05)286-9545

福美珍
嘉義市西榮街135號
(05)222-4824

尚典
嘉義市四維路370號
(05)234-9175

名陽
嘉義縣大林鎮自強街25號
(05)265-0557

瑞益
台南市中區民族路二段
303號
(06)222-4417

永昌(台南)
台南市東區長榮路一段
115號
(06)237-7115

尚品
台南市東區南門路341號
(06)215-3100

永豐
台南市南區賢南街51號
(06)291-1031

利承
台南市南區興隆路103號
(06)296-0152

松利
台南市南區福吉街3號
(06)228-6256

世峰行
台南市西區大興街325巷
56號
(06)250-2027

玉記(台南)
台南市西區民權路三段38號
(06)224-3333

上品
台南市西區永華一街159號
(06)299-0728

銘泉
台南市北區和緯路二段
223號
(06)251-8007

富美
台南市北區開元路312號
(06)237-6284

旺來鄉
台南市仁德區中山路797號
(06)249-8701

玉記(高雄)
高雄市新興區六合一路147號
(07)236-0333

正大行(高雄)
高雄市新興區五福二路156號
(07)261-9852

全成
高雄市新興區中東街157號
(07)223-2516

華銘
高雄市苓雅區中正一路
120號4樓之6
(07)713-1998

極軒
高雄市苓雅區興中一路61號
(07)332-2796

東海
高雄市鹽埕區大公路49號
(07)551-2828

旺來興
高雄市鼓山區明誠三路461號
(07)550-5991

新鈺成
高雄市前鎮區千富街241號7樓
(07)811-4029

旺來昌
高雄市前鎮區公正路181號
(07)713-5345

益利
高雄市前鎮區明道路91號
(07)831-9763

世昌
高雄市前鎮區擴建路1-33號
(07)811-1587

德興
高雄市三民區十全二路103號
(07)311-4311

十代
高雄市三民區懷安街30號
(07)380-0278

和成
高雄市三民區潮陽街26號
(07)311-1976

福市
高雄市仁武區京中三街103號
(07)374-8237

茂盛
高雄市岡山區前鋒路29-2號
(07)625-9679

新新
高雄市岡山區大仁路45號
(07)622-1677

順慶
高雄市鳳山區中山路237號
(07)746-2908

全省
高雄市鳳山區建國路二段165號
(07)732-1922

見興
高雄市鳳山區青年路二段
304號對面
(07)747-5209

旺來興
高雄市鳥松區本館路151號
(07)370-2223

亞植
高雄市大樹區井腳里108號
(07)652-2305

旺來易
高雄市左營區博愛三路
466號
(07)345-3355

盛欣
高雄市大寮區鳳林三路
776-5號
(07)786-2286

四海
屏東市民生路180-5號
(08)733-5595

啟順
屏東市民和路73號
(08)723-7896

屏芳
屏東市大武403巷28號
(08)752-6331

全成
屏東市復興南路一段146號
(08)752-4338

翔豐
屏東市廣東路398號
(08)737-4759

裕軒
屏東縣潮州鎮太平路473號
(08)788-7835

東部、離島

欣新
宜蘭市進士路155號
(03)936-3114

騂霖
宜蘭市安平路390號
(03)925-2872

裕順
宜蘭縣羅東鎮純精路二段96號
(03)954-3429

勝華
花蓮市中山路723號
(038)565-285

梅珍香
花蓮市中華路486-1號
(038)356-852

萬客來
花蓮市和平路440號
(038)362-628

大麥
花蓮縣吉安鄉建國路一段58號
(038)461-762

大麥
花蓮縣吉安鄉自強路369號
(038)578-866

華茂
花蓮縣吉安鄉中原路一段14號
(038)539-538

玉記(台東)
台東市漢陽街30號
(089)326-505

永誠
澎湖縣馬公市林森路63號
(06)927-9323

風格行旅　KG4007

簡單做就好吃: 小烤箱餅乾烘焙課

作者 陳佳琪 攝影 張晉瑞 美術設計暨封面設計 RabbitsDesign
責任編輯 吳思穎 行銷企劃經理 呂妙君 行銷專員 陳奕心

總編輯 林開富 社長 李淑霞 PCH生活旅遊事業總經理 李淑霞 發行人 何飛鵬
出版公司 墨刻出版股份有限公司
地址 台北市民生東路2段141號9樓 電話 886-2-25007008 傳真 886-2-25007796
EMAIL mook_service@cph.com.tw 網址 www.mook.com.tw
發行公司 英屬蓋曼群島商家庭傳媒股份有限公司城邦分公司
城邦讀書花園 www.cite.com.tw 劃撥 19863813 戶名 書蟲股份有限公司
香港發行所 城邦（香港）出版集團有限公司 地址 香港灣仔洛克道193號東超商業中心1樓
電話 852-2508-6231 傳真 852-2578-9337
經銷商 聯合股份有限公司（電話：886-2-29178022）金世盟實業股份有限公司
製版印刷 漾格科技股份有限公司 城邦書號 KG4007 ISBN 978-986-289-434-7
定價 399元 出版日期 2018年11月初版

國家圖書館出版品預行編目資料

簡單做就好吃：小烤箱餅乾烘焙課／陳佳琪作. - 初版. -
臺北市：墨刻出版：家庭傳媒城邦分公司發行, 2018.11
　面；　公分. -（風格行旅；7）
ISBN 978-986-289-434-7（平裝）

1.點心食譜

427.16　　　　　　　　　　107018950